Theodor Heßling

Mixed EMOTIONS

UNSERE MISCHLINGE

Die Kunst, jeden Mischling zu verstehen, Bindung zu schaffen und als Familienhund zu prägen.

MINERVA VERLAG
MÖNCHENGLADBACH

IMPRESSUM

AdobeStock: ksuksa,Jan Engel

Der Verlag weist ausdrücklich darauf hin, dass im Text gegebenenfalls enthaltene externe Links vom Verlag nur bis zum Zeitpunkt der Buchveröffentlichung angesehen werden konnten. Auf spätere Veränderungen hat der Verlag keinerlei Einfluss. Eine Haftung ist daher von Verlagsseite ausgeschlossen.

Haftungsausschluss: Die Benutzung dieses Buchs und die Umsetzung der darin enthaltenen Informationen erfolgt ausdrücklich auf eigenes Risiko. Der Verlag und der Autor können für etwaige Schäden jeder Art, die sich bei der Umsetzung von im Buch beschriebenen Vorgehensweisen ergeben, aus keinem Rechtsgrund eine Haftung übernehmen. Rechts- und Schadensersatzansprüche sind ausgeschlossen. Das Werk inklusive aller Inhalte wurde unter größter Sorgfalt erarbeitet. Dennoch können Druckfehler und Falschinformationen nicht vollständig ausgeschlossen werden. Der Verlag und der Autor übernehmen keine Haftung für die Aktualität, Richtigkeit und Vollständigkeit der Buchinhalte, ebenso nicht für Druckfehler. Es kann keine juristische Verantwortung sowie Haftung in irgendeiner Form für fehlerhafte Angaben und daraus entstandene Folgen übernommen werden.

Bibliografische Information der Deutschen Nationalbibliothek
Die Deutsche Nationalbibliothek verzeichnet diese Publikation in der Deutschen Nationalbibliografie; detaillierte bibliografische Daten sind im Internet über http://dnb.dnb.de abrufbar.

Monschauer Str. 2 | D- 41068 Mönchengladbach
E-Mail: info@minervaverlag.de | Internet: www.minervaverlag.de, www.minervastore.de

Design und Layout: Annika de la Motte
Umschlaggestaltung: Minerva kreativ, unter Verwendung eines Fotos von Cecilia /Adobe Stock

ISBN 978-3-910503-03-8

1. Auflage 2023
www.mixed-emotions-buch.de
www.minervaverlag,.de

Theodor Heßling

Mixed EMOTIONS

UNSERE MISCHLINGE

Minerva Verlag

Inhalt

1 | START

08 Über dieses Buch

09 Vorwort des Autors

2 | VORÜBERLEGUNGEN

10 Unterschiede: Mischling, Designer Dog und Rassehund

16 Welcher Typ passt?

20 Alt oder Jung?

24 Vorsicht, Hundehändler!

28 Hundekauf: Checkliste

3 | ZUSAMMENLEBEN

30 Die Eingewöhnung

34 Zusammenleben: Haltung, Förderung und Erziehung

40 Probleme: Trauma bei Mischlingen aus schlechter Haltung

44 Richtige Ernährung

4 | MIXE VORGESTELLT

52 Labradoodle = Labrador X Pudel

54 Frops = Französische Bulldogge X Mops

56 Schäferhund X Rottweiler

60 Englischer Cocker Spaniel X Foxterrier

64 Hovawart X Chow-Chow

68 Malinois X Dobermann

72 Rodischnauz = Rhodesian Ridgeback X Riesenschnauzer

5 | ERZIEHUNG

76 Meine wichtigsten Grundsätze in der Hundeerziehung

82 Extra: „Ich stellte Izo morgens auf ein Laufband."

6 FINALE

84 Schlusswort

Mixed EMOTIONS

UNSERE MISCHLINGE

Über dieses Buch

„Wie man Hunde liest, wie ein offenes Buch" - ein solches Buch über Hunde hat es noch nie gegeben. Geschrieben von einem der bekanntesten Hundetrainer Deutschlands, dessen Aufgabe es seit 1979 ist, gequälte, beißende, ängstliche, scheue und aggressive Hunde zu familienfreundlichen und zuverlässigen Begleitern zu erziehen. Außerdem bildet Theodor Heßling Hunde für Spezialaufgaben aus: u.a. als Rettungshunde, Behindertenbegleithunde, Suchhunde oder als Therapiehunde.

„Wir werden mit der Erziehung nur dann ans Ziel kommen, wenn wir in der Lage sind, den Hund vor uns zu begreifen. Wir müssen verstehen, was ihn bewegt. Dann ergibt sich der Rest oft von alleine und wir bekommen, was wir wollen: den perfekten Begleiter, der uns auch ohne Leine im Alltag sicher und entspannt begleitet und jederzeit kontrollierbar ist. Auf dieser gesunden Basis gedeihen Vertrauen, Nähe und Bindung."

Der international bekannte Hundeexperte Theodor Heßling erklärt exakt, was Mischlinge von Rassehunden unterscheidet und beschreibt, was in den Köpfen der häufigsten Mischlingskombinationen vor sich geht und warum sie sich verhalten, wie sie es tun. Und welche Strategie beiden weiterhilft: dem Hund und dem Menschen.

Wünschen Sie sich eine bessere Beziehung zu Ihrem Hund? Die Fähigkeit, ihn ohne Leine an sich zu binden, so dass er Sie überall hin begleitet?

Übernehmen Sie die Führung – dieser Ratgeber zeigt Ihnen auf, wie es ganz leicht gelingen kann.

Dieser Ratgeber zeigt Ihnen unter anderem:

- Welcher Typ Hund zu Ihnen passt
- Warum bei Händlern Vorsicht geboten ist
- Wie Sie Ihren Hund in die Familie eingewöhnen
- Wie Sie ein Trauma bei Mischlingen richtig behandeln
- Welche Rolle die Ernährung fürs Verhalten spielt
- Was im Kopf der beliebtesten Mischlinge vorgeht
- Welche Techniken Sie anwenden können, um diese Hunde erfolgreich zu führen

Vorwort

Seit meiner Jugend beherrscht mich ein Thema: Der HUND.
Ob groß oder klein, bullig oder schlank, lang- oder kurzhaarig, das ist und war mir persönlich nie wichtig, denn jeder Hund hat etwas Schönes und Liebenswertes in seinem Aussehen oder seinem Wesen. Dazu zählen viele Mischlinge. Bislang finden sie in der Fachliteratur wenig Beachtung. Das möchte ich ändern.
Leider treffen wir Mischlinge häufig in Tierheimen. Besonders aus dem Ausland werden immer mehr misshandelte, ausgesetzte und kranke Tiere importiert, aber kein Hund hat es verdient, im Tierheim sein Leben zu fristen. Ich erkläre Ihnen, was diese Tiere jetzt brauchen. Hunde sind Lebewesen, die sich nicht selber helfen können. Sie sind auf die Fürsorge des Menschen angewiesen und danken es mit ehrlicher Zuneigung. Als Leiter eines Tierschutzverbandes habe ich viel Elend bei Tieren, besonders bei Hunden erlebt. Das gab mir schwer zu denken und war Ursache für den Anlass, mein Leben ganz in den Dienst der Hunde zu stellen. So gründete ich im Jahr 1979 die Hundeschule Heßling.
Mein Herzensanliegen war es von Anfang an, Hunden mit Verhaltensstörungen zu helfen. Ich schaffte es, unzählige dieser ängstlichen, beißenden, winselnden, in sich zurückgezogenen Vierbeiner wieder ins Leben einzugliedern. Maßgeblich diente dazu das von mir entwickelte NRP-System.
Nun blicke ich auf einige tausend Hunde zurück, die nach einer Schulung bei mir heute glücklich mit ihren Haltern zusammenleben. Etwa 73 Prozent davon waren Mischlinge. Man braucht Sachkenntnis, um zu verstehen, was diese Hunde brauchen. Diese möchte ich Ihnen vermitteln.

Dieses Buch soll den Zweck erfüllen, Hundeliebhabern zu helfen, den Mischlingshund zu verstehen, Vor- und Nachteile beim Erwerb gegeneinander abzuwägen. Ganz ehrlich: Ich halte das „Herz" oft nur für bedingt tauglich, einen Hund zu verstehen. Die Liebe zum Hund ist selbstverständlich die absolute und erforderliche Grundlage. Aber wenn der Sachverstand fehlt, wird ein sorgenfreies Leben mit dem Hund meist nicht praktikabel oder nur stark eingeschränkt möglich sein. Das ist weder für den Hund noch für den Halter angenehm. Meine Grundlage ist die **objektive** Liebe zum Hund. Ich wünsche mir für die Mischlinge dieser Welt, dass ich dies möglichst vielen Menschen vermitteln darf.

Januar 2022
Theodor Heßling
Kynologischer Sachverständiger

Mischling, Designer Dog und Rassehund – was ist der Unterschied?

Der Lieblingshund der Deutschen? Ist der Mischling

Sie bevölkern die Hundeszene. Es gibt sie in den buntesten Variationen, in verschiedenen Farbschlägen oder Größen. Ihr Aussehen? Ist in der Regel einzigartig. Für jeden Hundeliebhaber ist etwas Geeignetes dabei. Viele sehen hübsch oder manchmal auch lustig aus, können gesund und im Wesen sehr gut veranlagt sein.
Ihre Ahnenlinie? Eine bunte Mischung. Welche Rassen stecken drin? Für den Laien kaum zu erkennen. Häufig sind Mischlinge über mehrere Generationen hinweg aus unterschiedlichen Hunderassen entstanden. Welches Erbgut wird sich durchsetzen? Wie wird der Welpe aussehen? Fragen über Fragen, auf die niemand eine Antwort geben kann. Denn das ist nicht vorhersehbar.
Der Kauf eines Mischlings ist ein reines Lotteriespiel. Besonders dann, wenn es sich um einen Welpen handelt. Man kann ein absolutes Glückslos erhalten, aber auch eine „Niete" ziehen. Wer möchte, kann heutzutage mit einer DNA-Probe sogar das Erbgut seines Mischlings testen lassen, um zu erfahren, welche geneti-

> „Der Kauf eines Mischlings ist ein reines Lotteriespiel. Besonders dann, wenn es sich um einen Welpen handelt.

schen Vorfahren in ihm enthalten sind. Für den normalen Hundehalter ist das aber nicht erforderlich. Denn entscheidend ist: Jeder Hund ist erziehbar und kann, wenn auch mit unterschiedlichen Möglichkeiten, bis ins hohe Alter umkonditioniert werden.

Was mir die Herkunft sagt

Ist der Hund in Deutschland geboren? Dann war dieser Wurf nicht geplant. Die Hündin war heiß, ein Moment der Unachtsamkeit reichte aus und es ist passiert. Rüden sind sehr einfallsreich,

wenn sie eine heiße Hündin wittern. Diese Welpen entstanden zwar aus Zufall, haben aber dennoch gute Grundvoraussetzungen. Meistens wachsen sie behütet und gefördert auf und durchlaufen eine ordentliche Aufzucht- und Prägephase. Die Chance, dass sie sich sozial positiv entwickeln, ist groß.

Es gibt aber auch viele Mischlinge aus dubiosen Kanälen. Wussten Sie, dass in Osteuropa Mischlinge bewusst vermehrt werden, um sie in Deutschland zu verkaufen? Es ist ein gnadenlos kalt kalkuliertes Geschäft mit dem Mitleid. Die Aufzucht- und Prägephasen dieser Hunde, die aus elenden Verhältnissen, häufig aus dem Ostblock stammen, sind denkbar schlecht. Zu früh von der Mutter getrennt, ohne positive menschliche Kontakte, krank und verängstigt drängen sie über die Grenzen auf den Markt. Vielen Menschen blutet dann regelrecht das Herz. Retten will man ihn, den armen Hund. Aber mit jedem Kauferfolg fördert man automatisch den Hundehandel. Aus emotionaler Sicht kann ich es natürlich nachvollziehen. Wer aber denkt an die Zukunft der Mutterhündinnen, die oft erbarmungslos in dreckigen Verschlägen hausen und ohne tierärztliche Hilfe als Gebärmaschinen dienen? Die Frage mag sich jeder selbst beantworten. Es ist mit Sicherheit ein sehr heikles Thema. Hier stehen wir oft vor dem zusätzlichen Problem, dass die Welpenmafia wahllos vermehrt und auch Zwangsverpaarungen durchführt. So kommt es zu Hundemischlingen, deren ganz unterschiedlichen Anlagetypen oftmals nicht zusammenpassen. Dadurch sind bestimmte Probleme vorprogrammiert. Aber auch diese sind zu lösen. Man muss nur akzeptieren, dass der Hund sie hat und wissen, wie man damit richtig umgeht.

Wie ein drittes Lager entstand

2020 wurden bei der Tierschutzorganisation Tasso 87.000 Mischlinge neu angemeldet. Darunter fällt eine Gruppe besonders ins Auge: Die Designer Dogs wie Goldendoodle oder Labradoodle erfreuen sich wachsender Beliebtheit. Ist dies ein zukunftsweisender Trend? Hierzu muss man Folgendes wissen. Tendenziell gingen bei Befürwortern von Mischlingen und Liebhabern von Rassehunden die Meinungen seit Jahren sehr weit auseinander. Seit mehreren Jahren entsteht schleichend ein drittes Lager: die Anhänger der Designer Dogs. Das sind Kreuzungen aus zwei Rassehunden. Man könnte meinen, hier findet sich eine „Schnittstelle", also Menschen, die den Vorteil von Rassehunden und Mischlingen miteinander kombinieren möchten. Ist dies wirklich so?

Was ist ein Designer Dog?

Designer Dogs sind Nachkommen von Elterntieren, die verschiedenen, aber jeweils anerkannt reinen Rassen angehören. Eine bewusst geplante Kreuzung zweier Elterntiere, um einen bestimmten Typ zu kreieren und möglicherweise weiter zu züchten. Das ist im Grunde nicht verwerflich, **WENN DIE PAARUNG PASST!**

Dabei sollte bedacht werden, dass alle Rassehunde vor vielen, meist Hunderten von Jahren aus Kreuzungen entstanden sind. Viele dieser Züchter arbeiten an der offiziellen Anerkennung „ihrer" Rasse durch die FCI (Fédération Cynologique Internationale). Zu Bedenken ist dabei, dass es bereits 354 anerkannte Hunderassen mit einer deutlichen Diversität in der FCI gibt. Die Anerkennung der unterschiedlichen Designer Dogs durch die FCI ist in absehbarer Zukunft wohl noch kein Thema. Die Voraussetzungen für die Zulassung einer neuen Rasse sind innerhalb der FCI sehr streng gefasst, um Auswüchse wie z.B. Qualzuchten auszuschließen. Dafür müssen neben vielen anderen Voraussetzungen mindestens sieben Linien nachweisbar sein, welche bis in die dritte Generation nicht verwandt sein dürfen. Kynologen vermissen bei den Züchtern von Designer Dogs die strengen und für die Zucht erforderlichen Grundvoraussetzungen. Beispielsweise müssen medizinische Untersuchungen, Beurteilungen der zur Zucht zu verwendenden Tiere und einiges mehr vorliegen. Es ist ein Wunschdenken, dass nur die positiven Eigenschaften der Tiere weitergegeben werden. Auch kann eine neue Züchtung zu anderen „rassetypischen" Krankheitsbildern führen. Aber es gibt mit Sicherheit auch positive Elemente der Blutauffrischung. Bei einigen anerkannten Rassehunden wird der Genpool immer enger und es wird durch die Einpaarung einer anderen Rasse versucht, kritischen Merkmalen oder Gesundheitsbildern entgegenzuwirken.

Der künftige Besitzer eines Designer Dogs sollte sich vor dem Kauf ausgiebig und objektiv mit den einzelnen Rassen vertraut machen. Wichtig dabei ist, dass beide Elterntiere nachweislich gesund sind und genetisch zusammenpassen, ansonsten könnten negative Verschiebungen beispielsweise im Skelett des Hundes auftreten. Nehmen wir die Verpaarung eines Boxers mit einer französischen Bulldogge. Bei dieser Verbindung können Probleme bei der Gesundheit der Augen, Gebissfehler aufgrund des kurzen Fanges und möglicherweise eine gesteigerte Hyperaktivität im Verhalten auftreten. Sollte jemand also eine Paarung zweier Rassehunde planen, ist dies ausgiebig zu überlegen. Häufig wird aus Unkenntnis jedoch mehr Wert auf „niedliches" oder „witziges" Aussehen gelegt. Auswirkungen auf das Wesen und Gesundheit sind dabei meist nebensächlich. Deshalb sollte ein Züchter von „Designer Dogs" gute Kenntnisse in der Genetik besitzen, um die richtigen Rückschlüsse auf erwünschte Merkmale „seiner Rasse" ziehen zu können. Dann kann es durchaus auch eine gute Chance geben, eine neue Rasse entstehen zu lassen, die möglicherweise in der Zukunft unter der Schirmherrschaft der FCI als Rassehund eingetragen wird.

> „Die Voraussetzungen für die Zulassung einer neuen Rasse sind **innerhalb der FCI sehr streng gefasst**, um Auswüchse wie z.B. Qualzuchten auszuschließen."

Der Klassiker: der Rassehund

Wenn dieses Buch auch thematisch den Designer Dogs und Hybriden gewidmet ist, soll auch kurz auf Rassehunde eingegangen werden. Rassehunde gibt es, wie Mischlinge, auch in allen Nuancen. Der Vorteil für einen Erwerber ist, dass er sich den Hund seiner Wahl aussuchen kann. Ob er nun groß oder klein, bunt oder einfarbig, temperamentvoll oder ruhig, mit langem oder kurzem Haar versehen ist. Rassehunde sind auf bestimmte Merkmale gezüchtet, so dass sich der Erwerber bereits vorab Kenntnisse über das Aussehen und die überwiegend auftretenden Charakterzüge des Hundes aneignen kann. Ein Käufer kann sich für den Hund entscheiden, der seiner Meinung nach zu ihm passt und dessen Aussehen ihm gefällt. Rassehundekäufe sind meist überlegter, das sieht man auch daran, dass

reinrassige Hunde aus VDH-Zuchten ganz selten im Tierheim zu finden sind.
Wer einen Rassehund erwerben möchte, sollte sich über dem VDH (Verband für das Deutsche Hundewesen e.V.) angehörige Verbände informieren. Der VDH hat in Deutschland die strengsten Auflagen für die Züchter seiner Mitgliedsvereine. Der Vorteil liegt bei guten Rassehunden darin, dass strenge Richtlinien über Aussehen, Gesundheit und Wesen sowie Anfor-

derungen an die Haltung der Hunde bestehen. Aber Vorsicht: Es gibt auch einige Hunderassen, welche aus meiner Sicht nicht empfehlenswert sind. Diese werden gezüchtet, da einige Kynologen der Meinung sind, dass diese alten Rassen im Standard erhaltenswert sind. Diese Meinung wird von mir nicht unterstützt. Ziel sollte immer ein gesunder Hund sein. Glücklicherweise hat sich vor kurzer Zeit das Tierschutzgesetz diesbezüglich geändert.

Die Entscheidung für einen Hund ist immer gut!

Wie der Wunsch nach einem Hund auch entstanden ist: Das Leben mit einem Hund ist immer besser, als das Leben ohne. Im Grunde ist es jedem Menschen selbst überlassen, für welchen Hund er sich entscheidet, aber dennoch sollten einige Dinge beachtet werden.

- Kein Hund sollte wie eine Sache behandelt werden.
- Er sollte nicht gekauft werden, weil er günstig angeboten wird oder als Welpe niedlich aussieht.
- Wenn, dann entscheidet man sich für immer. Unsere Tierheime sind voll von Hunden, die von ihren Haltern abgeschoben oder aus Unachtsamkeit in die Welt gesetzt wurden.
- Die Welpenmafia sollte nicht unterstützt werden. Leider schleusen diese jährlich Tausende von Hunden oftmals in erbärmlichem Zustand und mit gefälschten Papieren nach Deutschland ein.

Welcher Typ Hund passt zu mir?

Die Vielfalt und das Angebot an Hunden ist groß, ob Rassehund oder Hybrid, jung oder alt, groß oder klein. Aber welcher Hund passt zu wem? Meist entscheiden optische oder emotionale Aspekte bei der Anschaffung eines Hundes. Die Motivation, sich einen vierläufigen Gefährten anzuschaffen, ist sehr individuell. Die Verbundenheit zur Natur kann im Vordergrund stehen, das Alleinsein, der Kinderersatz oder auch die Hebung des eigenen Prestiges, in der Regel also die eigenen Emotionen. Das Gefühl, jemanden zu lieben und geliebt zu werden, zu schützen oder geschützt zu werden, eben füreinander da zu sein. Auch der wieder stärker werdende Naturhunger der Menschen führt häufig über den Hund. Ein Hund assoziiert Natur, in der man sich bewegen will und seine Freizeit gestalten möchte. Hundebesitzer sein – für viele ein kleiner Traum vom Glücklichsein. Aber ist der Hund auch glücklich, wenn er nicht zu seinem Halter passt? Diese Frage stellt sich kaum ein Hundehalter. Fachleute warnen seit jeher davor, Hunde unüberlegt anzuschaffen.

Nicht jeder Hund ist für jeden Menschen geeignet. Ohne Zweifel werden Rassehunde auf bestimmte Eigenschaften gezüchtet, die im Erbgut verankert sind. So kann ein Hundeliebhaber beim Erwerb des Hundes darauf achten, welchen Hundetyp er kauft. Beim Hybriden (Mischling) ist das etwas schwieriger, da nicht vorhersehbar ist, welche Anlagen in dem Hund „durchschlagen".

Welpen sind immer nett und niedlich, aber auch sie werden groß und erst dann können eventuelle Probleme entstehen. Ein ganz wichtiger Aspekt ist auch die gute Erziehung/Förderung eines Hundes, denn ein unerzogener Hund birgt mit seinem Verhalten einige Gefahren, aber auf

alle Fälle wird er auf Dauer ein Stressfaktor in der Familie werden. Aus diesem Grund werden viele gekaufte Hunde wieder abgegeben, landen im Tierheim oder werden ausgesetzt. Das Tier ist der Leidtragende, wenn es inkonsequent erzogen oder unter falschen Voraussetzungen angeschafft wurde. Ein Hund erfordert Verantwortung und ist kein Liebesersatz, Spielzeug, Prestigeobjekt oder Beschützer. Er soll in das soziale Leben integriert werden, seinen festen Platz haben und seiner Art entsprechend gehalten werden. Dies sind die Grundsätze für eine zufriedene Hund- und Halterbeziehung.
Unsere Hundeschule ist oft Anlaufstelle für Hundebesitzer, die Kommunikationsprobleme mit ihrem Hund haben. In der Regel können diese mit einer sachlich richtigen Aufklärung und fachbezogenem Training behoben werden. Gelegentlich muss auch gesagt werden: "Dieser Hund passt einfach nicht zu Ihnen, mit einem anderen Hundetyp wären die Probleme nicht entstanden". In dem Zusammenhang erinnere ich mich noch deutlich an Familie Koch.

Ein typischer Fehlkauf:

Familie Koch besuchte mich mit einem Dobermannmix, der mit guten Absichten aus dem Tierheim gekauft und für die Tochter angeschafft wurde, obwohl die neuen Halter beruflich sehr engagiert waren. Nach Aussage des Tierheimes war der Hund ca. 8 Monate jung. Der ganzen Familie gefiel der elegante, temperamentvolle große Hund, der auch beschützen kann. Das häusliche Zusammenleben entwickelte sich anfänglich sehr gut, der Rüde blieb sogar 5-6 Stunden allein, bis die Tochter aus der Schule kam. Das Interesse an dem Hund ließ bei der Tochter jedoch recht schnell nach und die Eltern mit ihrem begrenzten Zeitplan mussten sich vermehrt um den Hund kümmern. Der Hund wurde immer hektischer, konnte vor Vorwärtsdrang kaum an der Leine gehen und entwickelte sich zur Belastung der ganzen Familie zu einem hektischen ungehorsamen Hund. Dieser Fehlkauf hätte vermieden werden können, wenn im Vorfeld mehr sachliche Aufklärung betrieben worden wäre. Ein Dobermann, der ursprünglich aus einer Leistungszucht stammt, benötigt sehr viel Auslauf, eine gleichmäßige Erziehung und die Anlage zum Wehr- und Schutztrieb muss ebenfalls einkalkuliert werden. Das kann zu Problemen mit Aggressionsverhalten führen, wenn

diese nicht gesteuert oder umgelenkt werden. Sicher kann eine gute Hundeschule hier Abhilfe schaffen, aber nicht jeder ist bereit, Zeit und Geld zu investieren, beziehungsweise hat die nötige Disziplin, um das bei der Rasse erforderliche Durchsetzungsvermögen aufzubringen. Der junge Dobermann wurde schlussendlich an einen Leistungssportler vermittelt, wo er nach kurzer Zeit der Förderung ausgeglichen in der neuen Familie lebt. Hier wird er im Sport gefordert, bekommt viel Auslauf und lernt diszipliniertes Verhalten. Der Hund ist in dieser Familie glücklich.

Entscheidend beim Kauf eines Hundes ist die Selbstbestimmung des eigenen Charakterbildes.

Aktive, sportliche Menschen, die gerne mit einem Hund arbeiten möchten, haben sicherlich Freude an einem Mischling, bei dem bekannt ist, dass er aus einer Paarung von Elterntieren aus so genannten „Leistungs- bzw. Arbeitshunden" stammt. Wie z.B. Schäferhund, Deutsch Kurzhaar, Malinois oder Dobermann. Man kann davon ausgehen, dass sich die Anlagen der Leistungshunde wie Temperament, Charakterstärke etc. auch bei dem Mischling manifestieren. Nicht immer sind solche Hunde leicht zu führen und benötigen sehr diszipliniertes Handling,

viel Bewegung und Training. Darüber sollte der Erwerber eines solchen Hundes im Klaren sein. Er sollte die nötige Zeit und Leistungsbereitschaft für seinen Hund mitbringen, sonst könnte sich das Zusammenleben zu einem Problem entwickeln. Hundehalter, die weniger Zeit in Haltung und Führung investieren möchten und sich selbst als sehr sensibel einschätzen, sollten sich einen Hund anschaffen, der weniger Triebstärke aufweist und damit verbunden oftmals weniger Unruhe und Auflehnungsbereitschaft in sich trägt. Hier empfehlen sich Mischlinge, welche als Grundlage den Großen Schweizer Sennenhund, Collie, Golden Retriever und Pudel oder Labrador in ihrem Erbgut tragen. Diese Erwerbsgrundlagen sind auch bei älteren Personen zu berücksichtigen oder bei nicht mobilen Menschen.

Grundsätzliches:

- **Rüden sind etwas schwerer zu führen als Hündinnen, da sie häufiger zu dominanten Verhaltensweisen neigen können.**
- **Oft ist es auch vorteilhafter einen ausgewachsenen Hund zu erwerben, da hier wesentlich besser erkannt werden kann, um welchen Typ Hund es sich handelt.**

Welpe oder erwachsener Hund? Beides hat Vorteile.

Überlegungen bei der Anschaffung eines Mischlings (Hybriden)

Der Welpe kann gleichmäßiger geprägt werden

Immer wieder stelle ich fest, dass Hundehalter beim Erwerb eines Hundes nicht unbedingt berücksichtigen, ob ein Hund zu ihnen passt oder nicht. Bei Welpen wird emotional nach Niedlichkeit und Sympathie entschieden. Oft werden Mischlinge geboren, deren Elterntiere aus unterschiedlichen Hunderassen bestehen, so dass über spätere Größe und Typ nicht eindeutig entschieden werden kann. Es ist also reiner Zufall, wie sich der Welpe in Aussehen und Typ entwickelt. Das Aussehen wird sich später bei einem Hundeliebhaber nicht auf sein Verhältnis zum Hund niederschlagen, aber der Charakter kann das Verhältnis des Hundehalters zu seinem Hund beeinflussen. Deshalb wäre es von Vorteil, zumindest die Elterntiere zu kennen. Wenn dies möglich ist, sollte der Erwerber eines Welpen sich die Mühe machen, beide Elternteile im Verhalten zu überprüfen. Sind beide Elterntiere aufgeschlossen und freundlich Menschen und Hunden gegenüber, wird das auch mit großer Wahrscheinlichkeit bei den Welpen so sein. Sicherheit gibt es allerdings nicht, das ist klar festzuhalten. Ausnahmen bestätigen die Regel: Nicht immer ist das Verhalten von Elterntieren bei Mischlingen ausschlaggebend für ihre Welpen, aber einige Verhaltensmuster können mit hoher Wahrscheinlichkeit erkannt werden.
So viel zu den Nachteilen. Es gibt aber auch Vorteile, einen Welpen zu kaufen. Dazu gehört mit

Sicherheit, dass ein Welpe noch gleichmäßiger geprägt und sozialisiert werden kann. Es liegt in der eigenen Hand, dem Welpen eine optimale Förderung zukommen zu lassen. Hierzu benötigt es Zeit und es macht in der Regel anfänglich deutlich mehr Arbeit, als ein erwachsener Hund. Der Welpe muss in sein Umfeld integriert und stubenrein gemacht werden. Die ersten Nächte sind häufig kurz, denn ein Welpe benötigt einen vergleichbaren „Aufwand" wie ein kleines Kind. Aber man lernt den Hund von klein auf kennen und kann die Einflüsse kontrollieren, denen er ausgesetzt wird.

Der erwachsene Hund

Man bekommt das, was man sieht. Bei einem ausgewachsenen Hund weiß man, wie groß er ist und wie sein Wesen ist. Hier tritt der Gedanke des Tierschutzes in den Vordergrund. Ausgesetzten, misshandelten oder im Tierheim abgegebenen Hunden soll mit einem neuen Zuhause geholfen werden. Ein sehr lobenswerter Entschluss, der aber reiflich überlegt werden sollte. Denn viele dieser Hunde haben Phobien, sind eventuell krank. Eine Typbestimmung kann durchaus vorgenommen werden, indem ich den Hund in allen täglichen Situationen beobachte:

1. Wie verhält er sich bei lautem Straßenverkehr?
2. Wie verhält er sich bei Begegnungen mit fremden Menschen?
3. Wie verhält er sich bei Begegnungen mit anderen Hunden?
4. Wie verhält er sich, wenn er in der Wohnung ist?
5. Ist er leinenführig?
6. Gibt es Probleme mit Rüden oder Hündinnen?
7. Wie ist sein Temperament?
8. Verteidigt er Ressourcen wie Futter oder Spielzeug?
9. Ist er das Leben mit Menschen gewöhnt?
10. Ist er für das Leben in der Stadt geeignet?

Dies sind nur einige der Fragen, die einem ein verantwortungsbewusster Tierschutzverein ganz selbstverständlich beantworten wird. Ein guter Vermittler weiß genau, was er vermittelt und wird versuchen, für den Hund die passende Umgebung zu finden. Jedenfalls dann, wenn das Wohl des Hundes im Vordergrund steht. Aber aufgepasst: Viele dieser Hunde sind verstört und benehmen sich anfänglich anders und deutlich gehemmter oder unsicherer, als nach einer späteren Eingewöhnung in den neuen Haushalt. **So kann der schüchterne Hund nach einer Eingewöhnungszeit Dominanzprobleme zeigen, oder aber er weicht nicht von Ihrer sicheren Seite, da er ängstlich bei Fremdkontakten ist.** Fazit: Es kann nicht alles vorher endgültig kalkuliert werden. Aber mit einem vorhergehenden kleinen Check kann man viele Dinge abklären. Dazu gehört auch eine tierärztliche Untersuchung. Die Versicherung, dass der Hund parasitenfrei und virenfrei ist **und wie sich seine gesundheitliche Situation darstellt**, sollte jedem Erwerb vorausgehen, ganz gleich, ob Welpe oder erwachsener Hund. Kommen diese Hunde aus deutschen Tierschutzvereinen, wurde dies mit großer Wahrscheinlichkeit bereits getätigt.

Meine Empfehlung: die Betreuung auf Probe

Vor der Anschaffung des Hundes sollte im Interesse des Tieres erst einmal gründlich überlegt und geprüft werden, ob ein Hund in die momentane Lebenssituation passt. Sehr viele Tierschutzorganisationen oder Tierheime geben hier Hilfestellung und überprüfen dies ihrerseits ebenfalls gewissenhaft und es wird ein Übernahmevertrag vereinbart, in dem auch eine mögliche Rück-, bzw. Weitergabe geregelt wird.

Was man zum Thema Betreuung wissen sollte

Bereits in den 80er Jahren habe ich dieses Prinzip „Betreuung auf Probe" in unserem damaligen Tierschutzverein eingeführt. Dadurch kann verhindert werden, dass Hunde unüberlegt angeschafft werden. Oft sind es Spontankäufe, man sieht einen netten Hund im Tierheim oder in der Bekanntschaft wurden ungewollte oder gewollte Welpen geboren und schon entschließt man sich für diesen Hund. Aber dann stellt man fest, dass man mit dem Hund überfordert ist, der Hund Probleme macht, die Arztkosten nicht aufgebracht werden können, aus welchem Grund auch immer. Dann muss der Hund leider den Halter wieder verlassen. Das ist weder für den Hund schön und für den Halter sicher auch nicht, dennoch ist es manchmal in beiderseitigem Interesse besser, wenn das Tier wieder in eine neue Vermittlung kommt. **Es ist aber zu bedenken, dass ein Hund, der ständig den Halter wechselt, dadurch negative Reaktionen entwickeln kann. Oft werden diese Hunde unsicher und neigen zu Übersensibilität.**

Wie der Prozess ablaufen kann

Deshalb rate ich dazu, sich einen Hund anzuschaffen, der bereits etwas älter ist. Der Hund sollte vorab kennengelernt, über einen längeren Zeitraum besucht und zu Spaziergängen in verschiedenen Umweltsituationen mitgenommen werden. Hierbei können auffällige Verhaltensweisen des Hundes bereits beobachtet werden. Man kann beobachten, wie sich der Hund auf Spaziergängen entgegenkommenden Menschen oder anderen Artgenossen und Tieren gegenüber verhält. Aber auch das Verhalten im Straßenverkehr, die Reaktion gegenüber Joggern und Radfahrern und optimalerweise auch das Benehmen in der Wohnung sind für ein späteres Zusammenleben wichtig. So kann eine Entscheidung, ob das Tier zu seinem neuen Halter passt oder nicht, deutlich objektiver gefällt werden.

Fazit: Eine Betreuung auf Probe, wie sie heute von vielen Tierschutzvereinen angeboten wird, ist eine Möglichkeit abzuchecken, ob möglicherweise Verhaltensauffälligkeiten vorhanden sind. Hier muss genau überlegt werden, ob diese tatsächlich einen Störfaktor darstellen oder ob diese vielleicht auch mit Unterstützung von professioneller Hilfe behoben werden können. Oftmals ist nur eine richtungsweisende Hilfestellung notwendig, um die Weichen für das künftige Zusammensein positiv zu stellen.

AdobeStocktierfoto-guenzburg

Vorsicht bei Händlern!

Viele Mischlingshunde stammen aus dem Ausland. Einige stammen aus Tierschutzorganisationen, andere werden speziell für den Markt „gezüchtet". In den vergangenen Jahren stammen diese Hunde oftmals aus Osteuropa. Dort werden sie bewusst vermehrt und im Anschluss unter dem Deckmantel des Tierschutzes verkauft.

Ein Beispiel aus dem Hundehandel

In einer deutschen Großstadt wird im November 2021 mitten in der Nacht ein auffälliger LKW aus Bulgarien von der Polizei angehalten. Der Fahrer spricht kaum Deutsch und möchte die Ladeluke nicht öffnen. Auf massives Drängen der Polizei öffnet er die Ladeklappe, die Ladung scheint nur aus Papierrollen zu bestehen. Wenn die Polizisten nicht den penetranten Gestank und leises Hundejammern vernommen hätten, wären sie nach Durchsicht der Papiere wahrscheinlich nicht misstrauisch geworden. Nachdem die Papierrollen vom Fahrer entladen wurden, kam die Ursache des Gestankes zum Vorschein. 42 Welpen unterschiedli-

chen Alters, geschätzt von etwa 5 Lebenswochen bis hin zu etwa 4 Lebensmonaten, saßen in abgedeckten Verschlägen im hinteren Teil der Ladefläche, ohne Wasser und völlig verkotet. Aufgrund der Außentemperaturen und mangelnder Isolation waren die Tiere stark unterkühlt. Für einen Hundeliebhaber undenkbar grausam.

Welche Tierquäler mit dem Kauf unterstützt werden

Natürlich wurde das Veterinäramt verständigt und die Tiere untersucht. Alle Tiere waren zudem stark verwurmt, unterernährt und hatten teilweise Fieber. Zwar wurden die Hunde sofort versorgt und gut untergebracht, aber leider schafften es drei der Welpen nicht und verstarben. Die anderen Welpen wurden vom Tierschutz mühsam wieder aufgepäppelt. Der Fahrer des LKWs wurde strafrechtlich zur Anzeige gebracht. Er wird wohl eine Geldstrafe bekommen. Wirklich ärgern wird ihn aber vermutlich nur sein entgangener Gewinn. Als Gesundheitsnachweis legte er nur dubiose Papiere vor und nach seinen Aussagen wartete schon der Hauptabnehmer, der die Tiere von ihm übernehmen sollte, um sie, wie er sagte, „an den Mann zu bringen".

Unterstützen Sie nicht den kriminellen Hundehandel

Ein tausendfacher Leidensweg von Hunden aus dem Ostblock, die bewusst von kriminellen Menschen auf unterschiedlichsten Bauernhöfen oder in Hallen gezüchtet werden. Die Muttertiere sind im Dauereinsatz und werden bei jeder Läufigkeit belegt und meist werden die Welpen oder Junghunde in kleinen Hundekäfigen ohne richtige Betreuung,

regelmäßiges Futter und Zuwendung gehalten. Dadurch können bei den Tieren Phobien entstehen, welche oft nicht mehr oder nur schwerlich zu beheben sind. Es werden aber auch Hunde in Scheunen in großen Gruppen gehalten, wo Ressourcenkämpfe um Futter, Wasser und Sozialstellungen stattfinden. Hunde mit einem schwachen Charakterbild können dabei schnell untergehen oder Sozialstörungen entwickeln. Kommen sie dann in ein neues Zuhause, beheben sich diese Störungen nicht automatisch und möglicherweise muss ein kostspieliges, tierpsychologisches Training in Anspruch genommen werden.

Vorsicht bei der „Mitleidsmasche“

Die Polizei bzw. der Zoll in Deutschland oder Österreich versucht, gegen diesen

Handel vorzugehen, aber häufig nur mit mäßigem Erfolg. Geschmuggelt werden diese Tiere immer noch. Der Vertrieb wird auch gerne über dubiose Kanäle in Deutschland, Holland und Österreich von oft angeblichen „Tierschützern“

übernommen. Dabei wird das Mitleid bei diesem Handel in den Vordergrund gerückt. Welcher Hundeliebhaber, der so einen armen Welpen sieht, möchte nicht helfen? Leider hilft sein Mitleid in erster Linie dem kriminellen Händler, der diese Tiere anbietet. **Muttertiere die „ausgedient“ haben, werden oft erschlagen, erhängt oder erschossen.**

Schützen Sie sich vor Betrug

Aber auch Hunde einer Rassezugehörigkeit, sogar mit „Papieren“, werden aus diesen Ländern

angeboten. Dies sind keine Papiere eines der FCI angehörenden Verbände, sondern Papiere, welche aus dunklen Kanälen stammen. Ein laienhafter Käufer wird hiermit sehr schnell geblendet und wundert sich dann oft, dass sein „Rassehund" gesundheitliche oder genetische Mängel aufweist. Wie schreibt der Verband für das Deutsche Hundewesen: „Augen auf beim Hundekauf". Der Hundehandel muss mehr kontrolliert werden, die Strafen für Händler erhöht und der Hundekäufer muss sensibilisiert werden. Zwar wird eine kleine Hundeseele gerettet, doch damit wird die „Nachproduktion" von Welpen erst recht gefördert. Häufig müssen Erwerber von auf den ersten Blick günstigen Hunden viel Aufwand, Geduld betreiben und mit hohen Kosten für den Tierarzt rechnen. Nicht nur die physische Gesundheit ist meist angeschlagen, auch die psychische Konstitution ist oftmals betroffen.
Hauptgewinner sind meist auch nicht die Hundetransporteure oder Hundevermehrer; Gewinner sind mittlerweile häufig kriminelle Organisationen, die im Hintergrund die Fäden ziehen.

Deshalb:

1. Kaufen Sie keinen Hund **ohne Kontrolle.**
2. Kaufen Sie keinen Hund auf einem Parkplatz.
3. Schauen Sie sich die Mutterhündin an.
4. Recherchieren Sie über den Verkäufer. An wen hat er andere Hunde verkauft oder vermittelt? Wie zufrieden sind diese Menschen mit ihren Hunden?
5. Sobald Sie das Gefühl haben, dass der Verkäufer Druck aufbaut, sollten Sie von einem Kauf Abstand nehmen.
6. FCI-Papiere lassen sich überprüfen, indem Sie sie bei den zuständigen Vereinen anfragen.

Fazit: Die Hybriden oder auch „Rassehunde" werden oftmals wahllos ohne Rücksicht auf verhaltensbiologische Merkmale oder gesundheitliche Aspekte vermehrt. Paarungen zwischen ganz unterschiedlichen Anlagetypen passen oft nicht zusammen, so dass Probleme und genetische Krankheitsbilder vorprogrammiert sein können. Aufgrund meiner Erfahrung mit vielen tausend Hunden möchte ich gerne den Blick darauf sensibilisieren. Selbstverständlich gibt es aber auch viele Mischlinge, die aus Zufallspaarungen entstanden sind, die gesund sind, einen tollen Charakter haben und eine wahre Bereicherung für ihre Familien sind. **Der Erwerber muss sich objektiv Gedanken über den Hund seiner Wahl und über seine Herkunft machen. Mit Sicherheit findet er auch unter den vielen Mischlingen einen Hund, der zu ihm passt.**

Theodor Heßlings Checkliste beim Erwerb eines Hundes:

- **Kein Spontankauf**, mindestens 2-4 Wochen Besucher- und Eingewöhnungskontakt. Damit habe ich im Tierheim sehr gute Erfahrungen gemacht. Vor dem Erwerb wurde der ausgesuchte Hund wöchentlich mehrmals ausgeführt und erst nach einiger Zeit eine konkrete Übernahme vereinbart. So kann der Erwerber schnell feststellen, ob der Hund zu ihm passt und ob er sich sozial gut entwickelt hat.
- **Impfausweis** mit gültigen Impfungen und Entwurmungsbestätigung liegt vor.
- **Eine Ankaufsuntersuchung** bei einem Tierarzt gibt Auskunft über Gesundheitszustand/Altersbestimmung
- **Herkunftsnachweis** des Hundes liegt vor.
- Belegbare Infos über **vorherige Haltung** werden gegeben. Wo ist der Hund aufgewachsen? Wie ist seine Vorgeschichte, aus welchen Gründen ist er im Tierheim?
- Möglicherweise **Auskunft über Elterntiere**, bei Welpen sollte zumindest die Mutterhündin vorgezeigt werden können.
- **Rückgabemöglichkeit vereinbaren**, für den Fall, dass es trotz aller guter Bemühungen nicht funktioniert. Dies kann wichtig sein.

Natürlich birgt der Erwerb eines Mischlings ein Risiko. Werden aber alle Faktoren sachlich vor dem Erwerb abgewogen, hat man sicher viel Freude mit dem Hund.

Folgende Fragen sollten Sie sich stellen:

- Sind **alle Familienmitglieder** mit der Anschaffung des Hundes **einverstanden** und sind möglicherweise bereits Tierallergien von Familienmitgliedern bekannt?
- Kann ausreichend **Auslauf** ermöglicht werden?
- Ist **ausreichend Zeit** vorhanden, den Hund dauerhaft zu betreuen? (Hunde sollten nicht länger als fünf Stunden alleine in der Wohnung verbringen.)
- Welche **dauerhaften Kosten** entstehen? Futter, Tierarzt, Haftpflicht, ein größeres Auto bei großen Hunden...
- Welche **rechtlichen Pflichten** sind mit der Hundehaltung verbunden? Anmeldung, möglicherweise Hundeführerschein, die Haltung einiger als gefährlich eingestufter Rassen sind an besondere Auflagen gebunden. Die sind je nach Bundesland unterschiedlich.
- **Urlaubsgestaltung** künftig mit Hund oder wird er in eine Hundepension gebracht? Wenn ja, in welche?
- Wer nimmt den Hund im **Krankheitsfall**?
- Wie ist die **Wohnsituation** (Größe und Lage)? Handelt es sich um Wohneigentum oder ist mein Vermieter einverstanden?
- Ist ein **Garten** vorhanden?
- Leben noch **weitere Tiere im Haushal**t, durch die möglicherweise Reibungspunkte entstehen?

Erst dann, wenn alle Fragen zur Zufriedenheit aller Familienmitglieder sicher beantwortet werden können, sollte ein Hund angeschafft werden.

Wie die Eingewöhnung in die Familie funktioniert

Hunde können Glücks-, Freudengefühle entwickeln. Durch Erfahrungswerte unterscheiden sie, wann es ihnen besser oder schlechter geht.

Erfahrungsgemäß sind Hunde aus schlechten Verhältnissen beim Wechsel in gute Verhältnisse sehr anhänglich. Dies kann sich aber nach einer längeren Eingewöhnungszeit bei einem Hund in der neuen „Familie" wieder verändern, sobald sich der Hund stabilisiert hat. Verhaltensauffälligkeiten wie Hyperaktivität, Angstaggressionen etc., die bei Hunden aus schlechten Verhältnis-

sen auftreten können, sind nach meinen Erfahrungen therapierbar. Der Hundehalter muss nur Geduld haben und ihm helfen, sich in seinem neuen Umfeld zurecht zu finden.

Wie wird er sich entwickeln?

Häufig liegen keinerlei konkrete Erfahrungswerte bezüglich der Verhaltensweisen des neuen Hundes vor. Es fehlen glaubhafte Informationen, wie der Hund gehalten oder was für seine Ernährung getan wurde. Kennt er überhaupt eine soziale Struktur in der Familie, wurde er geschlagen oder gebissen und viele Dinge mehr würden wertvolle Hinweise geben. Aber die Vergangenheit liegt im Dunkeln. Hat er negative Erfahrungswerte, kann und wird er sich nicht sofort in eine „normale Familie" einleben können. Viele Hunde aus den Ländern, wo Hunde eine geringe Wertschätzung erfahren und schlecht gehalten werden, unterliegen oft einem „Kulturschock". Daher muss in den ersten acht bis zwölf Eingewöhnungswochen mit folgenden möglichen Verhaltensweisen gerechnet werden. Dies betrifft nicht nur ausgewachsene Hunde, sondern auch Welpen und Junghunde.

Sie zeigen beispielsweise:

übertriebene Ängstlichkeit	Fressgier
Hyperaktivität	Apathie oder Unruhe
Meideverhalten	Berührungsscheue
Geräuschempfindlichkeit	Panikattacken bei Hundebegegnungen

Aus dem Grund ist es wichtig, den Hund mit einer stabilen Leine zu sichern. Er darf sich nicht aus dem Geschirr oder dem Halsband herauswinden können, wenn er in einen Erregungszustand verfällt. Grundsätzlich möchte ich Folgendes feststellen: All das kann im schlimmsten Fall bei der Übernahme des Hundes auftreten, sehr oft aber fügen sich diese Hunde schnell in ihre neue Familie ein und sind glücklich oder vermenschlicht ausgedrückt „dankbar".

Wer erfolgreich erziehen möchte, lässt die Finger von Ratgebern und beobachtet besser seinen Hund.

Jeder Hund ist ein eigenständiges Lebewesen und man muss demzufolge auch mit ihm so verfahren, gerade wenn möglicherweise Phobien auftreten. Von allgemeinen Ratschlägen und Erziehungsbüchern halte ich nicht sehr viel. Die Grundlage für jede Konditionierung, besonders bei Hunden aus Negativverhältnissen, ist die Grunderziehung. Dadurch bindet sich der Hund an den Hal-

ziehbar, aber selten hilfreich. Ein neues Zuhause erfordert auch die Anpassung an neue Gegebenheiten und Umfeld. Eine **ausschließliche** Erziehung über positive Reize kann in diesem Fall zu einer weiteren Verunsicherung des Hundes führen, da dies „tierfremd" ist. Hunde verknüpfen instinktiv über Erfahrungswerte. Der Hund sollte in Ruhe lernen, den Reizen seines neuen Umfeldes Stand zu halten. Das Befolgen von erlernten Signalen in **Schlüsselreizen** kann sehr hilfreich sein. Ein komplettes Meiden von Stresssituationen für den Hund führt allgemein zur Erhöhung des Stresslevels. Zumal einige Stresssituationen oft nicht vermeidbar sind, wie

ter und kann gleichzeitig Stabilität erfahren und Vertrauen entwickeln. Mit dieser Grundlage ist die Behebung von Ängsten und Unsicherheiten deutlich einfacher durchzuführen.

Mitleid ist nicht hilfreich, Klarheit schon

Menschen, die einer Hundeseele aus üblen Verhältnissen ein neues Zuhause geben, neigen aus emotionaler Sicht gerne zu extremer Übervorsicht und vermenschlichtem Verhalten dem Hund gegenüber. Immer mit der Entschuldigung: „Er hat es ja schlecht gehabt". Das ist nachvoll-

beispielsweise der Kontakt mit anderen Menschen oder Hunden**, Lärm- oder Sichtreizen.**

Man wächst zusammen, wenn man die Herausforderungen des Alltags meistert

Der Vorteil eines Hundes ist, dass er instinktiv über Schlüsselreize lernt. Therapien von Hunden sollten deshalb anfänglich in kurzen Intervallen, in ruhiger Atmosphäre und ohne Hektik erfolgen. Nach jeder vom Hund gut ausgeführten Übung, wird er überschwänglich körperlich gelobt und erhält zeitweise ein Leckerchen. Kleine Arbeitsgruppen unter fachlicher Anleitung und sozial integrierten Hunden können dem zu resozialisierenden Probanden durch ihr Positivverhalten helfen.

Fazit: Unbestritten sind Hunde Lebewesen, die erlebte Negativerfahrungen über positive neue Einflüsse durch Sehen, Hören und Fühlen wieder umwandeln können. Es liegt also in der Hand des Halters, die schlechten Erfahrungen des Hundes zu „überschreiben". **Durch eine sachliche Führung des Hundes kann dieser sich stabilisieren, baut Vertrauen zu seinem Umfeld auf und entwickelt eine Bindung zu seinem Halter.**

AdobeStock ksuksa

Haltung, Förderung und Erziehung

Einen Hund zu lieben, fällt den meisten Menschen nicht schwer, aber einen Hund zu verstehen, ist nicht immer ganz einfach. In der heutigen Zeit gibt es vielfache Hundebücher und -ratgeber, welche von Theoretikern und manchmal auch Praktikern verfasst wurden, in denen unterschiedlichste Aussagen und Meinungen zur Hundeerziehung vertreten werden. Diese können vom Hundehalter häufig nicht nachvollzogen werden, was dann wiederum zu gravierenden Missverständnissen und zu Problemen führen kann. Besonders bei Hunden aus vormals schlechten Haltungsbedingungen. Sicherlich können teilweise Anregungen oder Tipps aus einem Buch entnommen werden, aber ein Buch kann logischerweise nicht auf individuelle Verhaltensweisen eines Hundes eingehen. Bei der Erziehung eines Hundes muss aus meiner Sicht auf das gesamtheitliche Bild geschaut werden und nicht ausschließlich auf einzelne hervortretende Verhaltensweisen.

Ein Beispiel:

Whisky kam im Alter von 9 Monaten aus einer Auffangstation in Rumänien. Nach Angaben des Tierheims wurde er als freilebender Straßenhund in einem miserablen Gesundheitszustand aufgegriffen. Er war total abgemagert, seine Augen waren entzündet und die Haut mit Ausschlag übersät. Zum Glück fand sich eine tierliebe Familie, die Whisky ein neues geborgenes Zuhause bieten wollte. Nach einigen Wo-

chen des Einlebens und der Behandlung durch einen Tierarzt ging es Whisky gesundheitlich deutlich besser. Erstaunlich war für seine neue Familie aber, dass Whisky mit zunehmender Besserung seines Gesundheitszustandes und dem Einleben in sein neues Umfeld von Tag zu Tag dominanter wurde.

Whisky nutzte seine Freiheit nicht nur im Haus, wo er über Tische und Bänke ging, sondern auch bei Spaziergängen wurde das Zusammenspiel stetig problematischer. Begegnungen mit anderen Hunden konnten sehr friedlich und spielerisch verlaufen, aber wenn Whisky „schlechte Laune" hatte, fing er sofort das Raufen an. Es blieb den Haltern nur die Konfliktvermeidung über und sie gingen mit Whisky ausschließlich im Feld spazieren, da hier nur sehr wenige Hundebegegnungen zu erwarten waren. Dies führte natürlich zur weiteren Verschlechterung des Zusammenlebens. Wenn anfänglich aufgrund seiner Vorgeschichte viel Verständnis für Whisky aufgebracht wurde, mutierte der Hund langsam zum Problemfall, da er das Zusammenleben in der Familie belastete.

Ursache und Wirkung:

Das Verhalten von Whisky ist kein Einzelfall. Besonders Hunde aus schlechten Verhältnissen werden von Hundeliebhabern gekauft, um ihnen zu helfen. Helfen bedeutet aber nicht, jegliches

Fehlverhalten zu entschuldigen.
Verlaufen die Prägungsphasen nicht optimal, kann sich jeder Hund in unterschiedlichste Richtungen fehlentwickeln. Je länger die Fehlentwicklung andauert, desto besser wird sich diese manifestieren und verstärken. Häufige Erscheinungsbilder von Fehlentwicklungen sind Meideverhalten, Aggressionsphobien oder Fluchtreaktionen.
Die Erziehung des Hundes ist für seine Entwicklung von besonderer Wichtigkeit, da sein Verhalten durch die Erziehung des Menschen gesteuert wird. Ein Hund ist ein Lebewesen, welches durch Schlüsselreize lernt und jeder vernünftige Mensch wird mir Recht geben, wenn ich behaupte, dass ein Hund immer das tun wird, was aus seiner Sicht für ihn vorteilhafter ist.
Nur aus Liebe wird kein Hund Signale zuverlässig ausführen. Widerfährt ihm also beispielsweise keine Form der Erziehung, wird er sein eventuell vorliegendes Dominanz-, Angst- oder Fluchtverhalten weiter stabilisieren.

Was ist nun zu tun?

Leider ist es so, dass viele Hundehalter vollkommen verwirrt sind, da von allen Seiten verschiedenste Erziehungsstile propagiert werden, die oft keinen wissenschaftlichen oder praxisbezogenen Hintergrund haben. Der Erziehungsstil kann und muss sehr unterschiedlich sein, da jeder Hund ein individuelles Lernverhalten und unterschiedliche Charaktereigenschaften vorweist. Grundlage für jede Erziehung ist Klarheit. Fragen Sie sich also bitte:

1. Was darf mein Hund?
2. Was darf er nicht?
3. Wie soll er sich im Haus verhalten?
4. Wie soll er sich auf dem Spaziergang verhalten?

Whiskys **neue Halter** hatten bisher mit ihrem Verhalten dem Hund gegenüber den permissiven Erziehungsstil bevorzugt. Der Hund hat von ihnen ausschließlich Liebe und Rücksichtnahme erfahren. Natürlich orientiert sich meine Arbeit mit Hunden methodisch an positiven Schlüsselreizen, wie z.B. Belohnung durch Leckerchen, Streicheln und positiver Ansprache. Aber es wäre falsch, zu behaupten, dass damit alle Probleme gelöst werden können. Konsequente Handlungen können im erzieherischen Zusammenhang eine wichtige Komponente sein. Ein Hund muss erfahren, dass Ungehorsam zu einem Nachteil führt. Im täglichen Zusammenleben benötigt der Hund Rahmenstrukturen. Klare Ansagen führen immer zu klaren Reaktionen. Autoritäre und damit konsequente Führung des Hundes trägt viel zu einer positiven Sozialentwicklung bei. Wenn von konsequenter Führung geschrieben wird, ist damit nicht gemeint, dass Hundehalter mit negativer emotionaler Handlung auf ihren Hund einwirken (Schreien, Schlagen, Wutausbrüche). Entscheidend ist das ruhige, aber bestimmte Vorgehen.

Für jegliches Fehlverhalten des Hundes wurde vom neuen Besitzer immer eine Entschuldigung gesucht und gefunden. So lernte der Hund, seine Vorteile zu nutzen. Whisky lernte zu dominieren, da seine

Besitzer sich grundsätzlich nach seinen Wünschen richteten und jeglichen Ungehorsam tolerierten. Ob das nun das Ziehen an der Leine war, das ständige Bellen in der Wohnung, wenn er einmal für ein paar Minuten alleine bleiben sollte, ebenso die Entwicklung zum Raufer.
Auch das Futter wurde ständig gewechselt, da es ja nicht gut sein kann, wenn der Hund es nicht mag. Ebenfalls ein anerzogenes Problem. Der Hund hat erfahren, dass ihm, wenn er nicht frisst, immer etwas Besonderes untergemischt wird, bis er sich am liebsten nur noch von Tartar, Leberwurst etc. ernährt hätte, was unter das Hundefutter gemischt wurde. Der Hund war in dem Moment zwar glücklich, aber nicht gut ernährt.

Ausführlich besprach ich mit den Haltern die Vorgehensweise in der Erziehung des Hundes und erklärte, dass sie immer eine klare Linie ziehen müssen, um dem Hund wieder einen „Leitfaden" zu geben. In der individuellen Beziehung zwischen Halter und Hund sollte der Halter den Handlungsspielraum vorgeben, nicht der Hund. Fehlen klare Anweisungen und das Durchsetzen von Grenzen, verunsichert dies einen Hund.

In diesem Fall war es entscheidend, den Haltern Hilfestellungen in allen Bereichen der Hundehaltung zu geben, um das Verständnis tierischer Verhaltensweisen zu fördern und damit ihre Denk- und Handlungsweise zu ändern. Die Vorgehensweise ist konsequent, ruhig und bestimmt, der Hund darf sich auf keinen Fall der ruhigen und sachlichen Vorgehensweise entziehen. Schreien, hartes und unbeherrschtes Vorgehen würde Whiskys Verhalten nur verschlimmern. Auch für einen Hund kann es kein Spaß sein, an der Leine zu ziehen, zu beißen oder hyperaktiv zu sein, es bedeutet ebenfalls eine psychische Belastung. Durch eine verbesserte Haltungsform wird dem Hund geholfen, die Bindung zu seinem Hundehalter zu verbessern, sich charakterlich zu stabilisieren und dadurch mehr Freiheit zu erhalten.
Es ist nachvollziehbar, dass frischgebackene Hundehalter besonders von Hunden aus vormals schlechter Haltung als

erste Zielsetzung sehen, dem Hund viel Liebe und Unterstützung zu geben und das ist auch vollkommen richtig. Nach der Eingewöhnungsphase in die neue Familie und/ oder einer möglichen Genesung sollte aber daran gearbeitet werden, dem Hund klare Verhaltensmaßnahmen zu vermitteln, ansonsten kann auch solch ein Hund schnell zum „Tyrann" werden.

AdobeStock:sonyachny,Mariia Korneeva

Trauma bei Mischlingen aus schlechter Haltung

Viele Hunde aus Tierheimen oder aus dem Ostblock haben in ihrer Vergangenheit negative Dinge erlebt, die zu starken Verhaltensstörungen führen.

Die Ursachen einer Traumatisierung sind sehr unterschiedlich und können bei richtiger Behandlung deutlich verbessert oder gar behoben werden. Ein/e Tierarzt/-ärztin und ein/e erfahrene/r, kompetente/r Hundetrainer/in sollten in diesem Fall hinzugezogen werden, denn ein Trauma kann eine Erlebnis- sowie eine Gesundheitsgrundlage zur Ursache haben. Viele unserer Mischlinge aus den dunklen Kanälen des Hundehandels wurden schlecht gehalten oder sogar misshandelt. Hier gilt es zu helfen.

Was ist ein Trauma?

Wie können Traumata entstehen? Hierzu gibt es vielschichtige Möglichkeiten, beispielsweise Misshandlungen, schwere Erkrankungen, Unfälle oder schlechte Haltung. All das kann zu einer seelischen oder körperlichen Verletzung führen. Dabei muss berücksichtigt werden, dass zur Entwicklung eines Traumas eine oder mehrere Ursachen ausschlaggebend sein können. Die Empfänglichkeit, ein Trauma zu entwickeln ist sehr unterschiedlich und hängt unter anderem stark mit der vorhergehenden Lebensweise des Hundes zusammen. Wächst ein Welpe behütet in der hundeerfahrenen Familie auf und erfährt irgendwann ein Trauma, kann er dieses im Regelfall schneller abbauen, als ein Hund, der in schlechten Verhältnissen aufgewachsen ist.

Welche Hunde ein Trauma besser verarbeiten als andere

Ein Hund, der in schlechten Verhältnissen aufwächst, wie z.B. in reiner Einzelhaltung in einer Box oder im Zwinger, der geschlagen wird oder keinerlei körperliche Zuwendung erhält, wird sich labil entwickeln und somit künftige Belastungen oftmals nicht richtig kompensieren können. Ein Hund, der eine gute Aufzucht, Prägung und Sozialisation erfährt, wird negative Erlebnisse zumeist schneller verarbeiten können.

Traumatisierte Hunde erziehen

Besonders im Erziehungstraining soll keine psychische oder körperliche Gewalt ausgeübt werden. Dadurch wird der Hund stark verunsichert. Im Allgemeinen ist die Grenze im Handling mit dem Hund fließend, da es sehr unterschiedliche Hundetypen mit ganz unterschiedlichen Charakteranlagen gibt. Danach richtet sich die Haltung. Pauschalerziehungsbücher sind deshalb abzulehnen, da jeder Hund ein eigenes Individuum ist. Es gibt sehr dominante Hunde, die eine starke konsequente Führungshand benötigen, aber auch Hunde, die sensibel reagieren und demzufolge eine feinfühlende Führung erfahren müssen. Was den einen Hund vielleicht nur stark belastet, kann bei einem anderen Hund bereits zu einem Trauma führen. Ist ein Hund schwer krank, muss er natürlich auch von einem Arzt behandelt werden. Diese Behandlung führt oft zu einer schweren Belastung der Psyche, welche durch eine Belastungstherapie wieder gelöst werden kann.

Welche Symptome können auftreten, wenn Hunde schlechte Erfahrungen gesammelt haben?

Traumatisierte Hunde zeigen ganz unterschiedliche Symptome. Dies richtet sich ganz nach den traumatisierenden Erlebnissen und kann sich durch Angst, Misstrauen, Aggressionen gegenüber Menschen und Hunden, Meideverhalten, Hyperaktivität und weiteren Reaktionen ausdrücken. Trigger tragen zur Auslösung des Verhaltens bei, sie erinnern den Hund plötzlich an negative Erlebnisse. Dies kann vom Hund nicht gesteuert werden. Die Erinnerungen sind da und somit die Reaktion darauf auch. Ist der Trigger bekannt, kann dieser Reiz langsam und behutsam aufgelöst werden. Je länger die Verhaltensstörung besteht, umso länger kann das Training bei dem Hund andauern. Nur aufgeben sollte man nicht, denn der Hund würde sein ganzes Leben lang unter seinem eigenen Verhalten leiden.

Nach Absprache mit einem Tierarzt können Medikamente begleitend eingesetzt werden, die bei dem Verhaltenstraining das Angstverhalten dämpfen können.

Die Welt muss neu erobert werden

Phobien können bei Hunden nicht durch Gespräche behoben werden, wie das bei Menschen der Fall sein kann. Hunden kann man nur helfen, indem man sie behutsam an entsprechende Reizsituationen heranführt und durch entsprechende Konditionierungsmaßnahmen versucht, diese negativen Reize mit positiven Schlüsselreizen wieder aufzuheben. Dazu dient dem Tierpsychologen unter anderem Futter, Grunderziehung, Reizüberbrückung und körperliche Zuwendung. Die Angstsituation zu ignorieren, wie dies oft empfohlen wird, hilft dem Hund nicht, das Problem zu bewältigen. Dauerhaft ist die Konfliktvermeidung daher keine Lösung, sondern die Konfrontationstherapie unter fachlicher Anleitung.
Posttraumatische Belastungsstörungen sind oft langwierig in der Behandlung und sollten stets unter fachlicher Anleitung im Beisein des Hundehalters behandelt werden.

Wann aber sollte der Tierarzt zu Rate gezogen werden?

Grundsätzlich sollte vor jeder Therapie ein Tierarzt konsultiert werden, der den Gesundheitszustand des Hundes ausgiebig untersucht. Es können Gelenkschmerzen, Stoffwechselstörungen, Zahnschmerzen, Ohrentzündungen und vieles mehr vorliegen. Gleichzeitig sollte bei dem verhaltensauffälligen Hund eine Blutuntersuchung getätigt werden. Häufig haben Hunde aus vormals furchtbaren Lebensverhältnissen schlechte Leber- oder Nierenwerte, Parasiten und viele Krankheitsbilder mehr, unter denen sie leiden.

Grundlagen der Haltung bei traumatisierten Hunden

- Für einen traumatisierten Hund ist es besonders wichtig, dass in der Familie ein stabiles Umfeld vorhanden ist.
- Lärm, Hektik, undiszipliniertes Verhalten, ungleichmäßiger Tagesablauf oder Gewalt sollten absolut unterbleiben.
- Wenn mit dem Hund trainiert wird, sollte das Training immer mit einer positiven Maßnahme beendet werden, beispielsweise durch Freilauf, Spiel, Belohnung etc.
- Es gibt einen Unterschied zwischen Mitleid und Mitgefühl. Wichtig ist, dass der Hundehalter gedanklich Abstand gewinnt und nicht ständig übersteigert im „Traumaverhalten" seines Hundes steckt. Deshalb: Mitleid ist nicht hilfreich, Mitgefühl schon. Der Hund benötigt Ruhe und Zuversicht, um seine Therapie bewältigen zu können.
- Er benötigt Zeit, denn eine Umkonditionierung geht nicht von heute auf morgen. **Ungeduldige** Menschen sollten nicht mit einem traumatisierten Hund arbeiten.

AdobeStock:otsphoto,Lars Zahner

Die besondere Ernährung

Hunde, die aus schlechten Haltungsbedingungen wie Vermehrungsstationen oder dem Handel stammen, haben zumeist über einen längeren Zeitraum hinweg physisch wie psychisch starken Belastungen standhalten müssen.

Darüber wird zu wenig nachgedacht und in der Literatur recht selten eingegangen.

Als ich Privatdozent an einer Berufsschule im Bereich der Ausbildung zum Tierpfleger/in war, wurde von den Auszubildenden häufig die Frage nach heutigen Fütterungstechniken und Hundefuttern gestellt. Das Interesse an einer hochwertigen Fütterung ist heute grösser denn je. Nun habe ich seit vielen Jahren Praxiserfahrung in der Fütterung von Hunden unterschiedlichster Rassen und durch meine Lehrtätigkeit entstanden viele Kontakte zu Hochschulen, Biologen und anderen Fachleuten, die sich mit diesem spannenden Thema befassen. Aber ausschlaggebend für meine intensive Arbeit mit dem Thema Hundefutter war das Buch „Katzen würden Mäuse kaufen" von Hans Ulrich Grimm. In dem Buch werden Absatzmärkte, Herstellung und Industrie schonungslos durchleuchtet.

In den letzten 10 Jahren habe ich mir an-

gewöhnt, nur noch auf belegbare Fakten zu achten und diese auch in Vorträgen zu erörtern. In der Werbung ist jeder Hersteller der Meinung, er vertreibe das beste Futter, jeder will unbedingt verkaufen und das geht oft zu Lasten der Hunde. In diesem Kapitel möchte ich einige Hinweise geben, worauf bei der Ernährung des Hundes zu achten ist.

Warum Tierschutzhunde eine bedarfsgerechte Ernährung unbedingt benötigen

Für eine optimale Versorgung des Hundes mit einer Belastung, ob durch Krankheit oder vorhergehender schlechter Haltung entstanden, ist eine bedarfsgerechte Ernährung **absolut** erforderlich. Die erblichen Anlagen müssen als gegeben hingenommen werden, aber die Ernährung spielt eine große Rolle im Bereich der Gesundheit, des Lebensalters und der Leistungsfähigkeit bis ins hohe Alter. Minderwertig ernährte Hunde sind oftmals gesundheitlich belastet, sei es durch mangelhaft aufgebaute Muskulatur, starke Konditionsmängel oder auch Fehlentwicklungen an den Gelenken. **Ich werde immer bestaunt, wenn ich mit meinem 18 Jahre alten, tauben amerikanischen Cocker Spaniel, meinem 14 Jahre alten Teckel und dem 13 Jahre altem Deutsch Drahthaar am Weserstrand spazieren gehe und sie noch altersgerecht mit anderen Hunden spielen und noch gut aussehen.** Den Tierarzt kennen alle Drei nur, wenn es zur Impfung geht. Ich bin der festen Überzeugung, dass gute Fütterung, Haltung und aktive Bewegung die Grundlagen für einen gesunden Hund sind.

In heutiger Zeit werden viele Futtermittel unterschiedlichster Art und Qualität angeboten. Der Laie kann die Hochwertigkeit eines Futtermittels kaum noch erkennen. Hochwertige Futtermittel haben z.B. mehr leicht verdauliche Fette und die richtige Menge an Kohlenhydrate, um Belastungen des Organismus auszugleichen. Doch auf was sollte ein Hundehalter aus ernährungsphysiologischer Sicht achten, wenn er einen Hund aus vormals schlechter Haltung erworben hat? Oftmals wurden diese Hunde über einen längeren Zeitraum unzureichend ernährt, hinzu kommen Langzeitstress und körperliche Belastungen, so dass es an Muskulatur und Wohlbefinden fehlt. Hier werden zusätzliche Glucose oder Fettsäuren als Brennstoff benötigt, um dem angegriffenen Organismus zu unterstützen. Daher sollte eine Vollnahrung für Hunde einen hohen Gehalt an leicht verdaulichem Fett sowie leicht verdaulichen Kohlenhydraten enthalten. Aber auch der Mineralstoff- und Vitaminbedarf ist stark erhöht. Besonders hervorzuheben ist eine bedarfsdeckende Versorgung mit Eisen, weil dann genügend Hämoglobin gebildet werden kann, welches die Sauerstoffzufuhr in die Blutzellen von der Lunge zur Muskulatur transportiert. Vitamine und Mineralstoffe erhöhen oder halten die Leistung von Hunden aufrecht wie z.B. Niacin oder Vitamin B. Nach Stand der Wissenschaft ist eine gute **Vollnahrung** für einen Hund wohl die **ausgewogenste** Nahrung.

Hundefutter im Test

Testergebnisse sind so geduldig wie die Werbesprüche in Hundezeitschriften. Jeder Tester hat eigene Kriterien und Definitionen, nach denen die Produkte beurteilt werden. Tester präferieren unterschiedliche Fütterungsweisen und haben eigene Vorstellung von Qualität, diese können höchst verschieden sein und nicht nur das. Viele Hersteller gründen im Internet „Testfirmen" oder arbeiten mit Testern zusammen und lassen in ihrem Interesse Testergebnisse erstellen. So kann in der Werbung von hochwertiger Qualität geschrieben werden, objektiv gesehen ist es aber teilweise nur das Einhalten von vorgeschriebenen **Mindestmengen** an Nährstoffen. Ob diese besonders für Hunde aus vormals schlechter Haltung ausreichend sind, möchte ich bezweifeln. Oft fehlen im Futter hochwertige Vitamine und Mineralien, welche in künstlicher Form dann beigegeben werden. Es ist wichtig, dass in objektiven und neutralen Testergebnissen Aussagen darüber getroffen werden, ob es sich bei der Herstellung um hochwertige Zutaten, also sehr gute Qualität handelt und nicht um Schlachtabfälle, welche dann beispielsweise als Geflügelmehl deklariert werden. **Geflügelmehl** enthält oft noch nicht ein-

AdobeStock: sonyachny,PixieMe

nal Fleisch, sondern Schnäbel, Krallen und Federn. Damit die Hunde es überhaupt fressen, werden Geschmacksverstärker und Aromen hinzugegeben. Viele Tests finden nur im Labor durch Überprüfung der Inhaltsstoffe oder in Kurzzeit-Tests statt. Praktische Testverfahren, vor allem langfristige gibt es kaum. Somit kann also kaum festgestellt werden, wie sich ein Futtermittel langfristig auf Kondition, Haarkleid etc. auswirkt. Für den Verbraucher ist es von Vorteil, Testergebnisse zu vergleichen und besser noch, den Hersteller um genaue Auskünfte in schriftlicher Form zu bitten.

- Wenn man bedenkt: **das über 52.000 Tonnen Geschmacksverstärker in einem Jahr im Tierfutter eingesetzt wurden -** Besonders das Glutamat ist umstritten, weil es zu Verhaltensänderungen und Entwicklungsstörungen führen kann. Wenn auch viele Vollnahrungen fachlich umstritten sind, gibt es überwiegend gute bis sehr gute Produkte auf dem Markt. Aber nur wenige Produkte sind für unterentwickelte Hunde über Monate getestet worden. Eine **gute Vollnahrung** für unsere „Sorgenkinder" ist meiner Meinung nach die optimale Ernährungsform.

Trocken- oder Nassfutter

Ich habe einmal **einige** Dosen Vollnahrungsmittel mit den Trockenvollnahrungen für Hunde verglichen. In den meisten Fällen war die Auswertung, **für mich**, eindeutig negativ. Die Nassfutter waren besonders in den Gehalten an Rohproteinen sowie in den Rohfett häufig bei weitem nicht ausreichend. So wurde Rohprotein in den meisten Fällen mit 10% angegeben, Rohfett zwischen 5,2% und 7,5%. Ein deutlicher Gegensatz zum Trockenfutter, bei dem der Gehalt an Rohprotein oftmals bei 25 % und Rohfett bei 8% bis 9,5% lag. – Nach Meinung der Fachleute entsteht deshalb bei dem Dosenfutter in den oben beschriebenen Zusammensetzungen eine Unterversorgung bei Hunden, besonders wenn diese krank sind oder aus schlechteren Verhältnissen stammen. Weiterhin muss von dem Dosenfutter eine wesentlich größere Menge gefüttert werden, wie dies vergleichsweise bei einem sehr guten Trockenfutter der Fall ist. Gegen Nassfutter spricht auch der hygienische Zustand, wenn dieses kurzzeitig im Napf gelassen wird, so wie das bei jeder Rohfütterung der Fall ist. Gerade im Sommer legen Insekten sehr schnell ihre Eier auf dem Futter ab, die der Hund dann aufnimmt. Weiterhin ist auch die Umweltbelastung der Dosen nicht von der Hand zu weisen. Viele der geprüften Dosenfutter erreichen gerade das unterste Minimum des **Lebenserhaltungswertes** eines Hundes, was schon stark zu denken geben sollte. Besonders bei physisch geschwächten oder kranken Hunden benötigt dieser eine hochwertige ausgewogene Ernäh-

rung. Tierärzte bestätigen, dass viele Krankheitsbilder bei Hunden vermieden werden könnten, wenn sie besser ernährt und nicht mit Zusatzstoffen, Leckerchen und Keksen vollgestopft würden. Aber die Industrie ist ja dankbar.

– Das Barfen ist bei Tiermedizienern stark umstritten, der überwiegende Teil der Fachleute empfiehlt das Barfen nicht. Probleme unterschiedlichster Art können durch das Barfen bei einem Hund entstehen z.B. im Bereich der Gelenke, durch eine falsche Phosphor und Calciumgabe. Wenn Gebarft werden sollte, dann bitte unter Anleitung eines Tierarztes oder Ernährungswissenschaftlers, der das Futter zusammenstellt.

Förderung des Krankheitsbildes durch falsche Fütterung

Tierkliniken schätzen, dass ein Drittel aller Hundekrankheiten durch falsche Ernährung oder Haltung verursacht werden. Wohl die häufigsten Erkrankungen durch falsche Ernährung bei Hunden sind u.a. Schäden am Bewegungsapparat, Herzbeschwerden, Wachstumsstörungen, fehlender Muskelaufbau, dauerhafte Konditionsmängel und Diabetes, was besonders durch Übergewicht verursacht wird. Unterernährte Hunde gibt es in Deutschland kaum, aber es kann durchaus vorkommen, dass Hunde an einem Mangel an bestimmten Nähstoffen oder falsch zusammengesetzten Nährstoffen leiden, z.B., wenn die Nahrung für Hunde gekocht wird, Hundehalter als Hauptmahlzeit Fleisch anbieten oder Zusatzstoffe verfüttern. Leider werden viele Hunde oft noch mit reinem Fleisch und Reis oder Nudeln gefüttert. Oft fehlen die essentiellen Fettsäuren und es schleichen sich Krankheitsbilder wie z.B. Stoffwechselstörungen ein. Besonders häufig ist trockenes Haar und stumpfes Fell zu beobachten. Der Vitamin

A-Mangel führt sehr häufig zu hoher Infektanfälligkeit, besonders bei Hunden die weniger Widerstandskraft besitzen oder ständig Infekt Quellen ausgesetzt wurden. Aber besonders der Vitamin A-Mangel schädigt auf Dauer das Nervensystem , **was ja bei Hunden aus schlechter Haltung oft schon genug belastet wurde.**
Eine sehr gute Vollnahrung muss weder mit Calcium noch mit Vitaminen oder Mineralstoffen ergänzt werden. Ganz im Gegenteil, es sollten alle wichtigen Stoffe in hoher Qualität vorhanden sein. Daher ist eine sorgsame Futterauswahl, besonders wichtig. Eine hochwertige Vollnahrung stellt in der Regel die optimale Versorgung des Hundes mit allen Nährstoffen und Vitaminen bereit. Bei jungen Hunden wird oft der Fehler getätigt, dass falsch zusammengesetzte Calcium/Phosphorwerte oder zu viel Rohprotein gefüttert wird, wodurch Knochenerkrankungen, Wachstumsspalten und zu schnelles Wachstum herbeigeführt werden kann. Besonders deshalb ist es wichtig, eine gute Vollnahrung zu füttern, da hier die einzelnen Bestandteile in ausgewogener Zusammensetzung vorhanden sind. Wenn Hunde starke Mangelerscheinungen wie z.B. stumpfes Haarkleid, Gelenk- oder Belastungs- und Nervenprobleme aufweisen, empfehlen Tierärzte im Regelfall sogenannte Nahrungsergänzungsmitteln. Diese können eine sinnvolle und hilfreiche, kurzfristige Unterstützung zusätzlich zu einer guten Vollnahrung darstellen und sollten bei Störungen als Kur bis zur Rekonvaleszenz angewendet werden. Auch hier sind gute Qualität sowie die Menge der jeweiligen Mineralstoffe und Spurenelemente ausschlaggebend. Ich persönlich habe gute Erfahrungen mit den Nahrungsergänzungsmitteln beispielsweise von der Firma Fortan und Hethan gemacht. Wie bereits gesagt: Nahrungsergänzungsmittel sollen im Grunde bei Hunden möglichst kurzfristig unterstützten. Eine Langzeitdauergabe wie z.B. mit Calcium, Magnesium oder Phosphor kann sich bei ständiger Zugabe zu einer guten Vollnahrung bei einem gesunden Hund negativ auswirken. Im Bedarfsfall lassen Sie sich direkt von den Firmen beraten.

Wenn es nach dem Hund geht, würde er nur Steak essen

Caniden handeln nach Instinkt, sie fressen lieber Fleisch, und dann möglichst frisch, als ein Fertigfutter. Hunde wissen über Vitamine, Spu-

renelemente und Nahrungsbestandteile nicht Bescheid. Was sie fressen müssen, darüber entscheidet der Mensch. In der Natur ist „der Tisch" reich gedeckt, da bedient sich der Canide an allen Nährstoffen, denen er habhaft werden kann. Der Hund ist auf unser Wissen und auf unsere Fütterung angewiesen. Unser Wissen über die Hundeernährung ist groß, Verschleißerscheinungen, Hauterkrankungen und vieles mehr, die bei einem freilebenden Caniden auftreten, werden bei Haushunden durch Sorgfalt und gute Fütterung mit ausgewogenen Inhaltsstoffen oft vermieden. Leider suchen viele Menschen im Hund das, was sie vergeblich bei Menschen suchen.- Ein Hund wird oft als Liebesersatz gesucht und durch übertriebe Fürsorge im Bereich der Fütterung oft krank gemacht. Dabei ist die Fütterung des Haushundes so einfach, wenn man sich damit sachlich befasst. Aber die Medien sind mittlerweile durchzogen mit Selbstdarstellern im Futtermittelbereich, Influencer/-innen bei Instagram und Co. Behauptungen, nur selbstgekochte Menüs, vegane Ernährung gepaart mit ein bisschen Öko-Feeling – das geht immer. Aber genau das Gegenteil wird bei unseren Hunden mit dieser Fütterungsart oftmals erreicht, außer ein Tierarzt/Tierärztin stellt den Fütterungsplan speziell zusammen.

Als Beispiel habe ich eine Auswertung von einem sehr guten Futter aus einer Analyse entnommen. Hier erkennen Sie beispielsweise, welche Inhaltsstoffe in dem Futter in hoher Qualität und Zusammensetzung enthalten sein sollen.

Zusammensetzung:
65 % Rind (35 % frisch zubereitetes Angus-Rind, 25 % getrocknetes Rind, 5 % Rinderfett), Süßkartoffel, Bohnen, Rübenschnitzel (entzuckert), getrocknete Superfood-Mischung* (einschließlich Karotte, grüne Bohnen, Blumenkohl, Tomate Zucchini), Mineralstoffe, Fischöl, Fructooligosaccharid (FOS, 192 mg/kg), Glucosamin (170 mg/kg), Methylsulfonylmethan (170 mg/kg), Chondroitinsulfat (125 mg/kg), Mannanoligosaccharide (MOS, 48 mg/kg, Olivenextrakt (0,01%) *jeweils 4% von frischen Zutaten

Garantierte Analyse:
Rohprotein: 38%, Rohfett 18%, Rohfaser 4%, Rohasche 6,5%, Feuchtigkeit 8%, Stickstofffreie Extraktstoffe 27,5%, Umsetzbare Energie 382kcal/100g, Omega-6-Fettsäuren 1,2%, Omega-3-Fettsäuren 0,7%, Calcium 1,1%,
Phosphor 0,9%, Kollagen 14%

Das Rohprotein und Rohfett sollte dem Hund angepasst werden: Wie z.B. viel oder wenig Bewegung, schlechter Muskelaufbau etc. Ein Tierarzt kann hier gute Ratschläge erteilen. Laut Zentek und Meyer sollte z.B. mindestens 15% Rohfett nicht unterschritten werden. Bei den Rohproteinen und Zusätzen ist sich die Fachwelt nicht ganz einig. Ich empfehle z.B. den Rohproteingehalt bei Hunden aus schlechter Haltung/Fütterung auf Mindestens 25 % bis 40 % zu erhöhen um den Hund aufzubauen, oder aber bei Leistungshunden und Hunden mit sehr viel Bewegung.

Ernährungsphysiologische Zusatzstoffe je kg:
Vitamin A 15.000 IE, Vitamin D3 2.000 IE, Vitamin E 95IE; Spurenelemente: Zink (Zinksulfat-Monohydrat) 50mg, Eisen (Eisen(II)-sulfat-Monohydrat) 50mg, Mangan (Mangansulfat-Monohydrat) 35mg, Kupfer (Kupfer(II)-sulfat-Pentahydrat 15mg, Jod (Calciumjodat wasserfrei und Kaliumjodid) 1,6mg, Selen (Natriumselenit) 0,3mg.

(Quelle Spezialfuttermittel www.hethan.de)

Labradoodle

Auf Grund seines guten Wesens und seiner schnellen Lernfähigkeit wurde der Pudel zum Jagdhund auf Wasserwild oder aber auch als Hütehund eingesetzt. Sein Fell unterliegt keinem Haarwechsel, aus diesem Grund muss der Pudel von Zeit zu Zeit geschoren werden. Wenn er auch heutzutage auf Grund der Zuchtselektion kaum noch jagdliche Ambitionen hat, ist seine Apportierfreude noch sehr ausgeprägt. Ein Hund, den ich gerne empfehle, da er sich sowohl für den Hundesport sehr gut eignet und als Familienhund ebenfalls optimal ist. Er ist in seinem Verhalten neutral und eigenständig.

Der Pudel

Ein Hund mit vielen Varianten im Erscheinungsbild, ob es nun um die Schulterhöhe geht, vom Toy Pudel mit etwa 28cm bis hin zum Großpudel mit durchschnittlich 60 cm oder die unterschiedlichen Farbschläge.
Die Entstehungsgeschichte ist etwas umstritten, heute geht man davon aus, dass der Ursprung aus Frankreich stammt. Die ersten Erwähnungen dieser Rasse erfolgen meiner Kenntnis nach um 1555 durch Conrad Gessner.
Pudel - immer gut gelaunt und von Fachleuten seit vielen Jahren als Familienhund empfohlen. Empfohlen deshalb, weil es sich um eine gesunde Rasse mit ausgesprochen gutem Wesen handelt. Aggressionsbereitschaft gegenüber Menschen und Hunden ist dem Pudel in der Regel fremd.

Der Labrador-Retriever

Die Vorfahren des Labradors stammen, wie einige andere Hunderassen auch, beispielsweise Landseer und Neufundländer, von der kanadischen Ostküste. Hauptsächlich war die Zucht von Hunden auf der Labrador Halbinsel eine gängige Sache und ein Wetteifern um den bes-

AdobeStock:pololia,Denis Feldmann

ten familientauglichen Hund. Über die ursprüngliche Rasse Labrador Retriever besteht wenig Klarheit. Es ist nur bekannt, dass die Bezeichnung Labrador ab 1870 benutzt wurde, aus kynologischer Sicht also keine alte Rasse. Durch den Earl of Malmesbury (1778-1841) fand die Rasse auf Grund ihres freundlichen Wesens und der auftretenden Apportierfreudigkeit besonders in der Wasserarbeit als Jagdhund Einzug, vorrangig in adeligen Kreisen. Heute ist der Labrador Retriever eine häufig geführte Rasse und in mannigfachen Bereichen der Hundehaltung etabliert, sei es als Familien-, Jagd- oder Behindertenbegleithund, um nur einige zu benennen.

So wird der „Labradoodle" erzogen.

Auf Grund der dominanten Anlagen gibt es bei dieser Mischung selten Probleme in der Erziehung und Haltung. Hier setzen sich die Anlagen der Friedfertigkeit und Freundlichkeit zu Menschen und Hunden durch. Labradoodle gelten auch als unproblematisch im Bereich der Fütterung oder Gesundheit. Besonders geeignet ist dieser Hybride für Familien mit Kindern. Bei der Erziehung ist der Hund leicht über eine positive Konditionierung durch freundliche Ansprache und Leckerchen zu motivieren. Da diese Verbindung eine hohe Reizschwelle hat, wird ein etwas längerer Zeitraum zur Konditionierung erforderlich sein als bei manch einem Hund mit niedriger Reizschwelle. Hunde mit niedriger Reizschwelle sind sehr oft agiler und temperamentvoller, oft auch als hyperaktiv bezeichnet. Dies kann man im reifen Alter beider Grundrassen meiner Meinung nach nicht erwarten. In zunehmendem Alter sind sie sehr ruhig und ausgeglichen, deshalb auch für ältere Personen geeignet. Also eine empfehlenswerte Mischung.

Frops= Französische Bulldogge X Mops

Die Französische Bulldogge

Die Französische Bulldogge hat eine interessante Entwicklungsgeschichte und wird heute überwiegend als Gesellschaftshund gehalten. Bereits 1836 wurde diese Rasse auf einer Hundeausstellung in England vorgestellt. Welche Rassen an der Entstehung dieser kleinen Kraftpakete beteiligt waren, ist heute nicht mehr genau zu ergründen. Else Trenkle erwähnt aber schon die eventuelle Einkreuzung von Möpsen. Nachdem die Hundekämpfe in England verboten wurden, änderte sich auch das Zuchtziel. Statt rauflustige Hunde waren nun kleine friedliche Hunde gefragt. Die Zucht verlagerte sich von England sehr stark nach Frankreich. Leider hat sich die Zucht dieser Rasse aus gesundheitlicher Sicht nicht positiv verändert. **Durch den kurzen Fang, die etwas hervorstehenden Augäpfel sind Gesundheitsprobleme im Bereich der Augen, der Atmung und der Zähne aufgetreten. Die Regierung der Niederlande hat deshalb vorbildlich die Zucht von kurzköpfigen Rassen auf Anraten von Tierärzten verboten.**

Der Mops

Stammt aus China und wurde schon vor ca. 2000 Jahren gezüchtet. Im 16. Jahrhundert kamen seine Vorfahren mit der niederländischen Ostindienkompanie in die Niederlande. Der Mops ist ein sehr gutmütiger Hund und wird daher seit vielen Jahren als „Schoßhund" gehalten. Obwohl auch durchaus mutig, überwiegt seine Freundlichkeit. Er scheint Gefahren oftmals zu unterschätzen, besonders im Umgang mit anderen Hunden. Hier scheint sich die dominante Zucht auf „Gutmütigkeit" durchgesetzt zu haben,

ebenso aber auch Krankheitsbilder wie Kurzatmigkeit, Erkrankungen der Haut, der Knochen sowie des Fells.
Aus der Öffentlichkeit kaum wegzudenken, laufen sie, trippeln sie auf kurzen Läufen bei muskulösem Körperbau neben ihren Hundehaltern. Die Hybriden aus französischer Bulldogge und Mops. Schön gezeichnet mit glattem Haar, großen Kulleraugen und kurzer platter Schnauze mit lustig anzusehenden Fledermausohren. Bei warmem Wetter sind sie keuchend auch von Weitem bereits zu hören, denn mit ihrem kurzem Fell und kurzer Schnauze sind sie empfindlich und versuchen, sich durch starkes Hecheln Luft zu verschaffen. Mops wie französische Bulldogge sind liebe und friedliche Hunde, sie passen in jede Wohnung und eignen sich durch ihren friedfertigen Charakter für jede Familie und auch für ältere Menschen. Momentan ist diese Mischung wohl der Hit unter den Hybriden. Hundehalter sind bereit, hohe Preise für

diese Welpen zu zahlen. Aus teilweise dubiosen Händlerhänden gelangen sie oftmals krank bei liebevollen Hundefreunden und werden auf Grund ihres Aussehens von allen bewundert.
Aber ist das witzige Aussehen der Hunde ausschlaggebend für den Kauf einer Mischung aus zwei degenerierten Hunderassen? Fördert der Käufer nicht unbewusst den Handel mit diesen Tieren? Tieren, denen mit zunehmendem Alter die an gewölften Krankheitsbilder zur Last werden? Tierärzte raten vom Kauf dieser Hybriden ab. Atemwegsstörungen, Augenkrankheiten, Fellprobleme treten vermehrt auf.
Aber auch der Spaziergang in der Sonne bei warmen Temperaturen oder zu lange Spaziergänge können für diese Hybriden zur Qual werden. Beachtenswert sind die aktuell vorgeschlagenen Vorgaben von Landwirtschaftsministerin Klöckner: zwei Stunden Auslauf für Hunde. Das kann je nach Alter und Verfassung für diese Hunde Quälerei sein. Ich kann nur abraten, Hunde in dieser Form zu kaufen, denn es fördert aus meiner Sicht die Qualzucht sowie den Gewinn derer Leute, die bewusst diese kranken Mischlinge „züchten".

Schäferhund - Rottweiler

AdobeStock : Rita Kochmarjova

Manchmal sind Hybriden, im Volksmund auch Mischlinge genannt, für den Besitzer ein Rätsel. Denn in ihnen treffen die genetisch unterschiedlichen Anlagen bzw. Merkmale von Mutter und Vater aufeinander, auf die über Generationen reinerbig selektiert wurde. Das kann zur inneren Zerreißprobe für den Hund und damit folglich auch für den Besitzer werden. Unterschiedlichste genetische Komponenten bei Hybriden können sich nicht nur im Geno, - sondern auch im Phänotyp sehr nachteilig auswirken. Krankheitsbilder können beim Körperbau besonders im Bereich der Gelenke, der Wirbelsäule oder des Gebisses auftreten. Wenn beispielsweise der Körper des Hundes viel Masse von einem großwüchsigen Vorfahren mitbringt und dies auf die Läufe und Glieder eines wesentlich kleineren Vorfahren verteilt wird. So einen Hund besaß z.B. Willy Brand, einen Hund mit langem schwerem Körper auf Dackelbeinen. Dieser Hund musste zeitlebens unter Gelenkproblemen leiden, da die kurzen Beine und der lange Rücken mit zunehmendem Alter zu Schmerzen führen musste. Dieser Hund wurde häufig abgelichtet, weil viele Menschen das Aussehen für witzig gehalten haben. Unbedacht der Tatsache, dass Hunde mit degenerierten Gliedmaßen und Körperbau oftmals unter Schmerzen und anderen Missständen leiden, finden viele Menschen dies sogar hübsch oder witzig, denn es ist ja besonders und einzigartig. Hunde ertragen Schmerzen häufig völlig unbemerkt und lautlos. Es muss aber auch gesagt werden, dass auch heute noch Hunde mit Papieren gezüchtet werden, die ich persönlich als Qualzuchten einstufe würde und deren Zucht verboten werden sollte. Es werden heute 10 Hunderassen als Qualzuchten benannt und der VDH (Verband für das Deutsche Hundewesen e.V.) ist bemüht, diesbezüglich Abhilfe zu schaffen. In der Regel wird bei der „Zucht"/Vermehrung von Hybriden keinerlei Auslese auf Krankheiten, Größe und Charakter oder andere Merkmale getätigt.

Beispiel: Rottweiler-Schäferhund Mischling

Schäferhunde wie Rottweiler sind sehr kräftige Hunde mit starkem Charakterbild. Beide Hunderassen werden seit vielen Jahrzehnten bewusst unter anderem auf den Schutz- und Wachtrieb gezüchtet. Eingesetzt wurden und werden diese Rassen besonders bei der Polizei, im Schutzhundesport, bei Wachbediensteten und bei der Armee. Beide Rassen sind hochveranlagte Hunde mit einer starken Anlage zu schützen und zu verteidigen, aber auch anzugreifen. Hunde, welche diese Merkmale nicht aufweisen konnten oder können, wurden bzw. werden nicht zur Zucht

zugelassen. Dadurch haben sich die oben benannten Anlagen stark gefestigt.

Im häuslichen Bereich, in der Familie oder mit Kindern haben diese Hybriden ganz selten Probleme, es sind liebevolle und angenehme Begleiter. Das Lernverhalten ist sehr gut.

Beträchtliche Probleme mit Schäferhund-Rott-

sen für Personen, die mit dem Hund regelmäßig arbeiten wollen, viel Wert auf eine Ressourcenverwaltung und hochwertige Erziehung legen. Auf Grund der Größe und Kraft dieser Hybriden muss sehr viel Wert auf eine kontrollierte und konsequente Erziehung gelegt werden, da diese Hunde sonst in Konfliktsituationen schwer zu bewältigen sind. Eine Gewöhnung an Außen- und Umweltreize ist ebenfalls unabdinglich.
Grundsätzlich empfehle ich die Mischung aus Rottweiler und Schäferhund nicht als Familienhund.- Besonders dann nicht, wenn sich Halter ruhige, leichtführige und mit anderen Artgenossen völlig verträgliche Hunde wünschen. Wenn Hunde dieser Verpaarung ihre Rute stark über der Rückenlinie hochgezogen tragen, ist dies meist ein Anzeichen für Hyperaktivität und Dominanzverhalten, zumindest jedoch für eine schnelle Erregbarkeit. Das ist recht oft zu beobachten. Aber auch gesundheitliche Aspekte sind zu berücksichtigen. Der Schäferhund ist bekannt für seine häufig auftretenden Gelenkserkrankungen, für die eine genetische Disposition mitverantwortlich ist. Bei einer Verpaarung dieser Rassen liegt also eine Gefahr einer Knochenerkrankung vor. Rottweiler können

weiler-Hybriden entstehen recht häufig, wenn sie im Zwinger gehalten werden, wenn auch nur stundenweise, da hierdurch die Hyperaktivität und Aggressionsbereitschaft gefördert wird. Hundehalter solcher Hybriden sollten unbedingt darauf achten, diese Hunde psychisch und physisch auszulasten. Geeignet sind diese Ras-

zu einer Magendrehung neigen, die bei einer beschriebenen Verpaarung ebenso auftreten kann. Deshalb werden bei den Rassen Schäferhund und Rottweiler Hunde mit diesen Anlagen von der Zucht ausgeschlossen. Aus diesem Grund treten die Krankheiten nur noch vereinzelt auf.

Mischlinge aus englischem Cocker Spaniel und Foxterrier

Herkunft und Geschichte des Cocker Spaniels

So ändern sich die Zeiten. Der Cocker Spaniel zählt heute zu den ältesten Rassehunden überhaupt, welche 1873 durch den englischen Kennel Klub als eigene Rasse anerkannt wurde. Den Namen Cocker Spaniel verdankt er dem englischen Wort Woodcock, welches für Waldschnepfe steht. Wenn der Spaniel auch ein ausgezeichneter Jagdhund war und in geringem Rahmen auch heute noch ist, sieht man ihn mittlerweile hauptsächlich als Familienhund. Es gibt den Cocker Spaniel in vielen verschiedenen Farbschlägen. Hierbei ist meiner Erfahrung nach der bunte Spaniel etwas sensibler und daher einfacher zu handhaben, wie der rote oder schwarze (einfarbige) Cocker Spaniel. Bei mehreren Generationen rein rot gezüchteten Spaniels kann es zu erhöhtem Aggressionsverhalten kommen, daher werden diese Verpaarungen bei sorgsamen Züchtern auch vermieden.

Der Cocker Spaniel ist ein mittelgroßer Hund mit eng anliegendem, langem Haar und einer Schul-

terhöhe bis ca. 41 cm. Er ist auf Grund seiner feinen Haare recht pflegeintensiv. Die Behänge des Cocker Spaniel sind lang und dicht behaart. Hierdurch können Anfälligkeiten für Ohrenentzündungen entstehen, welche problematisch sein können, wenn der Cocker Spaniel nicht fachgerecht gepflegt und getrimmt wird.
Der Cocker Spaniel hat ein verschmustes Wesen, ist aber gleichzeitig sehr temperamentvoll und schnell lernend. Ein Hund, welcher auch für den Hundesport, als Familienhund und für Erstlingsführer geeignet ist. Zuständige Vereine sind beispielsweise der Jagdspaniel Klub e.V. oder der Cocker Klub Deutschland e.V..

Herkunft und Geschichte des Foxterriers

Ein Hund, welcher nicht für jeden Hundeliebhaber geeignet ist. Bereits im 14. und 15. Jahrhundert wurden die Foxterrier hauptsächlich als Jagdhunde in der Meute, zur Jagd auf Fuchs und Dachs sowie auf Wildschweine eingesetzt. Diese Hunde mussten hart und mit hohem Kampfgeist ausgestattet sein, um dieses wehrhafte

Wild bejagen zu können. Leider ist diese Rasse in Deutschland nur noch selten vertreten, auch bei Jägern. In den 1880er Jahren wurde der Foxterrier als Rassehund eingeführt und von Prinz Albrecht zu Solms Braunfels gezüchtet und verbreitet. Es gibt sie in Drahthaar oder Glatthaar. Sie sind robust und haben keine häufig auftretenden Krankheitsbilder. Sie werden ca. 39cm groß und 8 kg leicht. Vom Wesen sind es anspruchsvoll auszubildende Hunde, da sie ihren eigenen

AdobeStock: Life in Pixels, belyaaa

Kopf haben und in freier Natur sehr temperamentvoll und immer auf Entdeckungstour sind. Im Haus oder der Familie sind sie dagegen ruhig und ausgeglichen. Der Foxterrier benötigt viel Bewegung und eine sehr konsequente Erziehung. Nach wie vor ein Hund, der in Jägerhände gehört.

Zu dem Erwerb eines Mischlings aus der Verbindung Cocker Spaniel und Foxterrier würde ich abraten, besonders dann, wenn Vorfahren des Cocker Spaniel rein roten Farbschlages sind. Mit hoher Wahrscheinlichkeit werden die Nachkommen mit Dominanz behaftet und stark zum Ag-

gressionsverhalten anderen Artgenossen oder auch Menschen gegenüber neigen. Bekannt wurde dies in 70er Jahren bei roten Cockern, welche rein auf rote Fellfarbe gezüchtet wurden. In Fachkreisen wurde dadurch der Begriff „rote Cocker Wut" geprägt. Der rote Cocker neigt auch vermehrt zu Epilepsie und genetisch bedingten Verhaltensstörungen. Foxterrier neigen zu einer schnelleren Erregbarkeit und spontanen Reaktionen. Besonders gegenüber Artgenossen ist ein höheres Potenzial zur Aggression bekannt. Glücklicherweise wird diese Paarung nicht gefördert.
Bei Hybriden dieser Rassen sollte unbedingt darauf geachtet werden, dass sie mindestens zwei Stunden **freien** Auslauf bekommen und viele positive Kontakte zu fremden Menschen und Hunden aufbauen können. **Diese Sozialisierungskontakte und der erhöhte freie Auslauf können eventuell auftretende Aggression oder Hyperaktivität eindämmen. Diese Mischung sollte von Hundehaltern geführt werden, die Erfahrungen in der Erziehung und Ausbildung von Hunden haben.**

AdobeStock:michal, ksuksa, KA

Mischlinge aus Hovawart und Chow-Chow

Der Hovawart, ein sehr eleganter Hund mit seidig langem Haarkleid und raumgreifendem Gangwerk. Es gibt ihn in drei unterschiedlichen Farbschlägen, black and tan, blond sowie schwarz. Die Geschlechtsunterschiede sind deutlich erkennbar, der Rüde kann bis zu 70 cm und die Hündin bis 65 cm groß werden. Der Hovawart ist optisch sehr ansprechend und ist im Regelfall auch eine gesunde Rasse. Die Zuchtbestimmungen innerhalb des VDH (Verband für das deutsche Hundewesen e.V.) haben dazu beigetragen, dass das Krankheitsbild der HD (Hüftgelenksdysplasie) bis auf ein sehr geringes Vorkommen zurückgedrängt wurde. Der Hovawart zählt zu den Dienst- und Gebrauchshunderassen. Er zeigt selten Jagdverhalten, da der Zuchtverband über Jahrzehnte hinweg den Jagdtrieb (Beuteverhalten) durch Zuchtauslese heraus gezüchtet hat. Der Name Hovawart setzt sich aus „Hof" und „Wächter" zusammen, denn das war bei der Entstehung seine Hauptaufgabe. Ab dem 19. Jahrhundert wurde die Rasse dann auch so in der Literatur beschrieben. In die Rasse kreuzte der bekannte Kynologe König den Neufundländer, Leonberger, Deutscher Schäferhund und Kuvasz ein, um den heutigen Rassehundtyp zu bilden. Grundsätzlich ist die Rasse lernwillig und der Erziehungsaufwand wesentlich geringer als bei einigen anderen großen Rassen. Die Hündinnen sind in der Regel ausgeglichen und sozia-

verträglich, die Rüden hingegen neigen bei Fremdkontakten oft zum „Macho-Gehabe".

Der Chow-Chow, ein Hund, der optisch einem kleinen Bären ähnelt. Sein Name kommt aus dem Chinesischen und bedeutet „Nahrung" oder „Essbares". Hauptsächlich diente er im alten China als Nahrungs- u. Felllieferant. Er zählt zu den ursprünglichen Spitztypen, wobei es Spekulationen gibt, dass er auch entfernt mit Bären verwandt sein soll. Ein Verwandtschaftsverhältnis zwischen Bären und Hund ist biologisch nicht möglich. Diese veraltete Denkweise beruht wahrscheinlich auf den Charaktereigenschaften des eigenwilligen, freiheitsliebenden Chow-Chow sowie der kurzen Schnauze, die eine leichte Ähnlichkeit mit dem Pandabär aufweist. Das schwer zu pflegende, bärenähnliche Fell trägt sicherlich ebenfalls dazu bei. Eine Besonderheit macht ihn zu einer Rarität unter den Hunden. Seine Zunge ist nicht wie bei anderen Hunden rosa, sondern blau gefärbt. Hündinnen können bis zu 51 cm und Rüden bis zu 56 cm groß werden und es gibt sie in vielen interessanten Farbschlägen. Nach Europa kam er im 18. Jahrhundert. Auf Grund seines stoischen Wesens, der schlechten Lernbereitschaft der Krankheitsbilder an Augen und Haut konnte er nur wenige Liebhaber finden. Er ist in Deutschland nur selten im Straßenbild zu finden. Ich würde diesen Hund als einen „Ein-Mann/Frau-Hund" bezeichnen. Auf seine ruhige Art schließt er sich „seinem" Menschen an, andere Menschen und Tiere ignoriert er auf arrogante Art und Weise oder verhält sich abweisend. Wenn er aber bedrängt wird, kann er Mensch und Tier gegenüber gefährlich werden. Am liebsten hat er es, wenn man ihn ruhig und konsequent führt

und ansonsten macht er lieber sein eigenes Ding.

Leider kann ich zu dieser Mischung nur sehr wenig sagen, da hier kaum Erfahrungswerte vorliegen. Ich gehe aber davon aus, dass bei dieser Verbindung einige Probleme auftreten könnten. Der Hovawart ist ein recht agiler Hund, der auch in der heutigen Zeit als Dienst- und Gebrauchshund eingesetzt wird. Der Chow-Chow hat zwar eine sehr hohe Reizschwelle, ist aber wachsam und zeigt durchaus Aggressionsbereitschaft, wenn er bedrängt wird. Dies könnte in dieser Verbindung zum Problem werden, zumal der Hund in China auch als Jagd- und Wachhund gezüchtet wurde. Es ist also bei beiden Rassen eine gewisse Schärfe und Härte vorhanden. Aber auch die Pflege dieser Hybriden stellt einige Anforderungen an den Hundehalter. Das Haar wird mit großer Wahrscheinlichkeit sehr dicht, länger und pflegeintensiv sein.

Wenn sich also die genetische Disposition im Bereich der Härte und Aggressionsbereitschaft durchsetzt, kann es gerade für „Hundeanfänger" zu größeren Herausforderungen kommen. Beim Chow- Chow konnte ich beobachten, dass er im Aggressionstrieb nur sehr schwer von seiner Aggressionsaktion ablässt. Er tritt oft in eine Art „Beißstarre" ein. Erzieherisch sollte man diesen Hybriden mit viel Geduld und angepasstem Lernpensum in kurzen Intervallen schulen, ohne schnelle Lernerfolge zu erwarten. Der Hovawart ist eher sensibel und temperamentvoll, der Chow-Chow eher ruhig und nimmt viele Dinge als gegeben hin. Wie gesagt: Bei dieser brisanten Mischung kommt es darauf an, welche Rasseeigenschaften sich bei dem jeweiligen Individuum durchsetzen.

AdobeStock: Alexandra,michal,Dogs,KA

Mix aus Malinois und Dobermann

Der Malinois

Der Malinois ist einer der vier belgischen Schäferhunderassen, die sich im Aussehen unterscheiden. Die belgischen Schäferhunderassen wurden besonders auf Hüte-, Wach- und Schutztrieb gezüchtet. Das Augenmerk der Züchter lag weniger auf dem Aussehen der Hunde, sondern auf ihrer Leistungsbereitschaft. 1891 fassten einige Kynologen um Prof. Reul (Dozent an der veterinärmedizinischen Schule in Cureghem) den Entschluss, für die Rasse einen speziellen Standard zu züchten. Bereits 1892 konnte ein Standard für drei verschiedene Fell-Varietäten festgelegt werden.

Der ursprüngliche Malinois wurde unterteilt in Malinois (kurzhaarig mit schwarzer Wolkung), Laekenois (rauhaarig), den Groenendael (schwarz und langhaarig) und den Tervueren (langhaarig, falb, oder

AdobeStock: OlgaOvcharenko

rotbraun und schwarz gewolkt). Eine enge Verwandtschaft der Malinois besteht zu den holländischen Schäferhunden, deren Zuchtwege sich recht spät trennten. Ab 1910 haben sich Typ und Persönlichkeit des belgischen Schäferhundes gefestigt.

Von den belgischen Schäferhunderassen ist der Malinois der einzige Vertreter mit kurzem Haar. Es ist ein eleganter, sehr aktiver Gebrauchshund mit enormer Ausdauer und Leistungsbereitschaft. Aus diesem Grunde wird er häufig von der Polizei, Bundeswehr und im Wach- und Schutzdienst eingesetzt. Er muss viel beschäftigt werden, ansonsten neigt dieser Hund zu einer starken Hyperaktivität, die oft durch den auslösenden Affektstau in Aggressionen über-

geht. Meiner Meinung nach ist die Rasse für „Erstlingsführer/innen" ungeeignet. Sie brauchen eine souveräne Führung und eine sehr gute Kommunikationsbasis. Bereits in der Entwicklungsphase des Hundes ist die Sozialisierung extrem wichtig. Er ist für die ursprünglich gezüchteten Aufgabengebiete sehr gut geeignet, aber weniger für den Hundehalter, der einen unproblematischen Haushund sucht.

Der Dobermann

Der Dobermann wurde ursprünglich in dem kleinen Städtchen Apolda von Friedrich Louis Dobermann gezüchtet. Zu Beginn des 20. Jahrhunderts wurde der Dobermann auch als Polizeihund anerkannt. Er hatte keinen besonders guten Start in der Grundlage der Zucht. Louis Dobermann war Tierfänger und suchte sich aus den gefangenen Tieren die schärfsten Hunde aus und paarte sie untereinander. In späteren Jahren paarte er sie dann mit so genannten „Fleischerhunden", die ebenfalls eine enorme Schärfe aufwiesen. Fleischerhunde waren eine Art Vorläufer von Rottweilern.

Die „Zucht" wurde dann in der Genvielfalt mit Deutschen Pinschern, Weimaranern

und nicht mehr nachvollziehbaren Hunden ergänzt. Basis war immer die Schärfe dieser Hunde.

Dobermanns Ziel war mit angrenzender Sicherheit, einen Typ Hund zu züchten, der scharf, beweglich und seinem Halter treu ergeben war. An dieser Zusammensetzung erkennt der Fachmann bereits die Zielsetzung dieser Zucht. Bekannt wurde die Rasse Dobermann im 1. und 2. Weltkrieg, als er auf Grund seines Wesens ein gefragter Polizei- und Militärhund war. Traurige Bekanntheit erlangte der „Dobi" als bevorzugter Diensthund in Konzentrationslagern. Schon auf Grund seines imposanten Erscheinungsbildes wird der Hund vom Betrachter als Wachhund eingeschätzt. Dank des VDH (Verband für das deutsche Hundewesen) hat sich zwischenzeitlich einiges in der Zucht verändert. Heute ist der Dobermann ein sehr eleganter, temperamentvoller Hund, der bei richtiger Haltung auch als Familienhund gehalten werden kann. Voraussetzung ist, wie bei allen Hunden und besonders bei Schutzhunden, die Sozialisierung und liebevolle, aber gradlinige Führung des Hundes. Dobermänner sind nicht leicht zu führen. Sie benötigen enorm viel Bewegung, geistige Auslastung und Reizüberflutungen, um ausgeglichen zu sein. Hundeliebhaber lieben den Dobermann häufig aufgrund seines eleganten Aussehens, seiner stolzen Haltung und dem entschlossenen Ausdruck. Durch das Kupieren der Ohren und der Rute wurde für viele Fans der Rasse die Schnittigkeit des Aussehens unterstützt. Die Begründung des Kupierens lag darin, dass der Hund weniger Angriffsfläche sowie Empfindlichkeit aufgrund der nicht mehr vorhandenen Rute und Behänge bot. Aus Tierschutzgründen ist das Kupieren in Deutschland verboten. Einige Züchter gaben daher ihre Zucht auf, da sie der Meinung waren, nur ein kupierter Dobi sei ein richtiger Dobi. Aus meiner Sicht sieht der unkupierte Dobi mit seinen Schlapp-

ohren und langer Rute wesentlich freundlicher aus.

Es wird noch einige Zeit der Zuchtauslese bedürfen, um den Dobermann zu einem ausgeglichenen Familienhund zu züchten, denn auf Grund der langen Jahre der Selektion auf Wach- und Schutztrieb sowie Temperament wird sich das Charakterbild nicht so schnell verändern. Die Erziehung und das Training des Dobermann benötigen häufig viel Zeit, Geduld und manchmal auch Geld, um sich professionelle Hilfe zu holen. Sozialkontakte vom Welpenalter an sind auch bei dieser Rasse besonders wichtig. Der Dobermann ist kein Zwingerhund. Mit einer Zwingerhaltung verändert sich der Hund tendenziell zu einer übertriebenen Schärfe.

Die Mixtur

Ich kann die Mischung dieser beiden Rassen nicht für den Hausgebrauch empfehlen. In der Regel hat diese Mischung eine schnelle Auffassungsgabe, ist aber hyperaktiv und kann etwas stur während der Ausbildung sein. Es ist mit einer übertriebenen Aggressionsbereitschaft gegenüber Fremdkontakten zu rechnen. Innerhalb der Familie sind diese Hunde meist problemlos. Gesundheitlich wird die Mixtur wenig Probleme bereiten, da beide Hunderassen in der Regel sehr gesund sind.

AdobeStock:Dogs,

Erziehung

Wenn ein Hundehalter sich einen Mix aus Malinois und Dobermann anschaffen möchte, sollte er nicht unerfahren in der Hundeführung sein. Diese Mischung benötigt eine starke und sehr konsequente Hand. Beide Rassen sind nicht leichtführig und erbgenetisch auf ähnlicher Basis gezüchtet. Es sind Leistungshunde und das würde diese Mischung in hohem Maße erfüllen. Leistungshundeführer hätten bei der Ausbildung sicherlich auch ihre Herausforderung, aber wenn die behoben sind, könnte dieser Mix meiner Meinung nach ein hervorragender Schutz- und Wachhund sein. „Intelligent", beweglich und triebstark. Im privaten Haushalt würde es mit hoher Wahrscheinlichkeit Probleme im Sozialisierungsbereich mit fremden Menschen, fremden Hunden und auf Grund des Temperamentes auch in der Erziehung geben. Diese Hunde benötigen viel Auslauf, Beschäftigung und möglichst ein Training mit Aufgabenbereichen wie z.B. Agility oder Fährtenhundearbeit. Wie gesagt, ein Hund zum Arbeiten, Wachen und Schützen, **deshalb hier auch eine ausführlichere Beschreibung der beiden Rassen.**

Rodischnauz

Herkunft und Geschichte des Rhodesian Ridgeback

Der Rhodesian ist kein einfacher Hund, aber liebenswert. Er stammt ursprünglich aus dem südlichen Afrika und wurde von den Khoi-Khoi und von den Bantustämmen gezüchtet. Der Hund wurde auf Grund seines Wesens viele Jahre später auch von europäischen Siedlern zum Schutz der Herden, als Wachhund sowie zur Jagd eingesetzt. Trotz des irreführenden Namens „Löwenhund" diente der Ridgeback nie dazu, große Raubkatzen zu erlegen. Vielmehr stellte er das Wild, ohne es näher zu bedrängen. Er zeigte bei dieser Art zu jagen viel Jagdverstand, das bedeutet, er hat dem Jäger das Wild zugetrieben, ohne sich selbst dabei stark zu gefährden. Er lenkte den Löwen so lange durch Bellen und Umkreisen ab, bis der Jäger nahe genug war, um einen Schuss abzugeben. Für Großwildjäger waren diese Hunde wertvolle Helfer, die als Meute dem Menschen durch sehr gute Nasenarbeit, ruhigen Jagdverstand, Charakterstärke und Ausdauer helfend zur Seite standen.

Der im Jahre 1922 von Francis Richard aufgestellte Rassestandard ist auch heute noch zu berücksichtigen. Der Rhodesian Ridgeback ist in der heutigen Zeit eine imposante Erscheinung. Die Hündinnen erreichen eine Größe von 61 – 66 cm und die Rüden von 63 - 69 cm. Das Fell ist dicht und kurz, von hell- bis rot-weizenfarbener Färbung sowie teilweise dunklem Fang und Behängen. Unverwechselbar ist der einzigartige Ridge, der gegen die normale Haarwuchsrichtung gehende Haarkamm auf dem Rücken des Hundes. Früher wurden Welpen, die ohne diesen Kamm gewölft wurden, sofort getötet.

Der Hund wird in Europa kaum noch als Jagdhund verwendet und meines Wissens auch nicht mehr auf jagdliche Anlage gezüchtet. Seine ursprünglichen Charakterzüge hat er über viele Jahrzehnte beibehalten und diese sind nach wie vor lobenswert. Er eignet sich gut als Familienhund, ist wachsam, ohne schnell zu „überdrehen" und zeigt sich nicht streitsüchtig mit anderen Hunden und Menschen. Er benimmt sich auch in Reizsituationen souverän und wirkt etwas arrogant und dies zeigt er auch bei Kontakt mit Menschen. Aber auch die schlummernden Erbanlagen der Aggressionen müssen berücksichtigt werden. Bei Bedrohungen kann der Hund in einen harten „Kampfmodus" um-

schalten. In der Erziehung kann es Probleme geben, denn auf Grund seiner Charakterstärke sollte der Hund sehr behutsam, aber bestimmend und konsequent erzogen werden.

Der Riesenschnauzer

Der Riesenschnauzer bindet sich sehr stark an die Familie und bewacht gerne Haus und Hof. Bereits Anfang des 20. Jahrhunderts wurde begonnen, seine Anlagen auf hohe Leistungsfähigkeit und zuverlässigem Charakter zu züchten. 1909 wurde der Riesenschnauzer erstmalig auf einer Hundeausstellung in München präsentiert. Mit einem Körpergewicht von 35 bis 47 kg und einer Widerristhöhe zwischen 60 und 70 cm ist der muskulöse Riesenschnauzer mit seinem temperamentvollen Wesen schon ein imposanter Hund. In der heutigen Zeit handelt es sich beim Riesenschnauzer um eine gesunde Rasse. Der Ursprung ist leider nicht eindeutig geklärt, die Rasse entstand vermutlich in Württemberg und ist alter Herkunft. Seinen Namen hat er durch seinen ausgeprägten dichten Schnauzbart erhalten. Das Haar soll drahtig und dicht in der Decke sein und es gibt ihn in den Farbschlägen rein schwarz sowie Pfeffer und Salz. Die Fachliteratur hebt wiederholt bei dieser Rasse die Intelligenz, die Wachsam-

keit und den Verteidigungswillen hervor. Häufig wurde er auch als Stall- und Hofhund gehalten und bekam den Beinamen „Rattler", da er sehr intensiv Ratten, Marder, Mäuse und anderes Getier jagte.
Der Riesenschnauzer eignet sich sehr gut als Familienhund, da er sehr anhänglich ist und besonders viel Aufmerksamkeit durch „seine" Familie benötigt. Hervorzuheben ist seine absolute Kinderliebe. Kinder können ihn belasten und mit ihm ohne Probleme spielen. Fremden gegenüber verhält er sich eher distanziert und abwartend. Da er ein gutes Selbstbewusstsein hat, sucht er nur bei Bedrohungen die Auseinandersetzung. Den Höhepunkt der Beliebtheit hatte er wohl in den 60er und 70er Jahren, da er häufig im Schutzhundesport und bei der Polizei Verwendung fand. Leider wurde in der Zucht aus meiner Sicht zu viel Wert auf einen ausgeprägten Schutzdienst gelegt, so dass sich Reaktionen im Aggressionspotential stark festigten. In den letzten zehn Jahren sieht man diese Rasse auch oft bei Rettungshundestaffeln beim Mantrailing oder Agility. Leider ist die Haltung als Familienhund in Deutschland rückläufig, da momentan eher Minihunde im Trend stehen.
Riesenschnauzer und Rhodesian Ridgeback passen vom Standard her gut zueinander, so dass diese eine gute gesundheitliche und charakterliche Mischung ergeben können.

Der Rodischnauz in der Erziehung:

Da beide Hunde im Wesen sehr gut veranlagt sind, wird es in der Familie kaum Probleme geben. Der Riesenschnauzer ist relativ bellfreudig, der Rhodesian neigt wiederum kaum zum Bellen. Hier müsste man schauen, welche Rasse sich in diesem Bereich mehr durchsetzt. Da im Schnauzer wahrscheinlich auch der Pinscher verankert ist, welcher ebenfalls nicht bellfreudig ist, gehe ich mit etwas Glück davon aus, dass diese Mischung nicht übermäßig zum Bellen neigt. Beides sind sehr gute Familienbegleithunde, welche erfahrungsgemäß keine Probleme bereiten. Dies ist natürlich grundsätzlich davon abhängig, wie die Besitzer mit ihren Hunden umgehen. Beide Rassen sind sehr lernwillig, benötigen dennoch eine gleichmäßige und bestimmende Führung. Es sollte aber unbedingt darauf geachtet werden, dass während der Prägungs- und Entwicklungsphasen die Sozialkontakte mit anderen Tieren und Menschen gefördert werden. Aber auch in den späteren Jahren sollten die Hunde möglichst ihre Aufgabengebiete bekommen. Hier empfehle ich die Fährtenarbeit, Agility oder die Ausbildung zum Behindertenbegleithund. Auch die Ausbildung als Wach- und Schutzhund ist möglich, sollte aber nur durch Fachleute, welche in diesem Bereich Erfahrungen haben, geschehen, denn bei falscher Konditionierung kann die Ursprungsschärfe zu stark gefördert werden.

Meine wichtigsten Grundsätze in der Hunde-erziehung.

Die Optimierung einer Bindung zwischen Hund und Halter ist wichtig. Ganz besonders dann, wenn Hunde nicht unbedingt aus geordneten Verhältnissen stammen.

Angst, Hyperaktivität, Aggressionen und viele andere Fehlentwicklungen können sich durch haltungsbedingte Situationen etablieren. **Es ist also nicht nur die genetische Veranlagung, die zählt. Die Sozialisierung und Erziehung dürfen nicht vernachlässigt werden.**

Auch alte Hunde können lernen

Übrigens können Hunde bei positiv veränderten Haltungsbedingungen bis ins hohe Alter lernen. Es ist also grundsätzlich falsch, wenn behauptet wird, dass ältere Hunde nicht mehr um konditioniert werden können.

Leider gibt es zur Erziehung eines Hundes kein Patentrezept, denn jeder Hund hat unterschiedliche Anlagen und Verhaltensmuster. Entscheidend ist die richtige Konditionierung zu dem jeweiligen Hund zu wählen, um Probleme beheben zu können. Die Hundeschule Heßling hat viele tausend unterschiedliche Hunde resozialisiert oder geschult, aber jeder Hund war ein eigenständiges Individuum, sogar oft innerhalb einer Rasse. Schon der Umstand, dass es Hunde mit hoher und niedriger Reizschwelle gibt, schreibt eine unterschiedliche Vorgehensweise vor. Ein Lebewesen unterliegt Umwelteinflüssen, Haltungsgrundlagen und genetischen Anlagen. Es ist bei der Erziehung des Hundes nicht immer ganz einfach zu erkennen, woraus sich sein Verhalten begründet. Bei einem Rassehund ist dies oft einfacher als bei einem Mischling. Bei Hunden aus Auffangstationen oder Tierheimen ist es besonders schwer zu beurteilen, wie bei der Erziehung vorgegangen werden muss, da der Hundehalter oft die Vorgeschichte des Hundes nicht kennt.

AdobeStock: dark_blade, privat

Das Ziel der Erziehung: Ängste abbauen, Aggressionen verhindern

Eine gute Erziehung hilft auch Hunde mit Ängsten oder aggressiven Verhaltensweisen. Wichtig ist, dass der/die Ausbilder/in den Hund versteht und auf seine spezifischen Bedürfnisse eingeht. In der Hundeerziehung gibt es zahlreiche verschiedene Ansätze, die sich teilweise grundsätzlich unterscheiden. Man kann allerdings kaum sagen, dass es den einen richtigen oder falschen Weg gibt. Die Erziehungsmethode richtet sich immer nach dem Typ des Hundes und wie dieser auf Schlüsselreize reagiert. Das ist für Anfänger schwierig, denn es gibt schiere Unmengen an Lehrbüchern, Filmen und Vorträgen über Hundeerziehung. Überforderung ist da vollkommen verständlich. Man sollte sich nicht davor scheuen, Hilfe bei der Ausbildung in Anspruch zu nehmen und sich über viele verschiedene Erziehungsmethoden in den Hundeschulen der Umgebung zu informieren, bevor man sich für einen Weg entscheidet.

Warum ich Internetvideos zur Hundeerziehung für gefährlich halte

Ich bekomme sehr viele Anrufe, bei denen ich um Erziehungsratschläge gebeten werde. Ich lehne das generell ab, da ich den Hund nicht kenne und jeder telefonische Ratschlag kann für diesen Hund falsch sein. Es können nur Grundlagen zur Haltung und Förderung vermittelt werden. Oft wird das Verhalten des Hundes von einem privaten Hundehalter falsch interpretiert und deshalb auch falsch konditioniert. Eine Fachperson wird sich vorerst immer mit dem Hund beschäftigen, um dann zu erkennen, welches Vorgehen bei diesem Hund erfolgsversprechend ist. Ich halte es sogar für gefährlich, einen Hund nach Videos, Buch, Fernseh- oder nach Internetvorgaben zu erziehen. Reaktionen eines Hundes müssen in der Situation beeinflusst werden.

Der erste Check: die Rutenhaltung

Es gibt Merkmale im Typus, die dazu beitragen, einen Hund im ersten Check zu beurteilen.

1. Die stark gezogene und gespannte Rutenhaltung. In der Regel sind Hunde mit diesem Merkmal sehr aktiv und können oft zu Fehlverhalten im Aggressionstrieb neigen.
2. Hunde mit eingeklemmter Rutenhaltung sind oft übersensibel oder haben Angst. Sie zeigen in bestimmten Situationen häufig ein Meideverhalten. Diese Beobachtungen sind kleine Hilfestellungen für die Vorgehensweise in der Erziehung. Die Körpersprache des Hundes ist also ein entscheidendes Hilfsmittel in der ersten Begutachtung eines Hundes, aber auch ein Hilfsmittel, um zu erkennen, ob sich die Körpersprache im Training verändert. Ein Hinweis für positive oder negative Erfolge.

3. Regelmäßig angelegte Ohren sind ein Zeichen für Unsicherheit.
4. Oft hochgestellte Haare, sind nicht immer ein Zeichen von Aggressionen, können aber auf schnelle Erregungszustände hinweisen sowie eine angespannte Körperhaltung.

Warum Erziehung immer sachlich und der Art des Hundes entsprechend erfolgen muss:

Die Grundlagenforschung hat in den vergangenen Jahren viele neue Erkenntnisse für Hundehalter erbracht, um Hunde besser verstehen zu können. Das halte ich auch für wichtig und jeder Hundehalter sollte sich damit befassen. Denn wer seinen Hund nicht versteht, wird ihn auch nicht erziehen können. Es ist sehr schön, dass wir unsere Hunde lieben, aber erzieherisch muss dabei sachlich vorgegangen werden. Wie schon beschrieben, immer der Art des Hundes gerecht werdend. Dabei gilt Folgendes:

- Gehe ich bei einem Hund mit dominantem Verhalten sehr entgegenkommend vor, wird sich mit Sicherheit die Dominanz erhöhen.
- Gehe ich aber bei einem sensiblen Hund zu streng vor, kann dieser noch ängstlicher werden.
- Meide ich Konfliktsituationen, da der Hund Angstreaktionen zeigt, erhöhe ich das Konfliktpotential, hier wäre eine Konfrontationstherapie angebracht.

Die 12 Basics

Grundsätzlich kann gesagt werden, dass in der Erziehung eines Hundes folgende Grundlagen wichtig sind. Diese zu kennen, ist die Basis für eine erfolgreiche Erziehungsarbeit.

1. Die Beurteilung des Gesundheitszustandes.
2. Die Beurteilung des Charakterbildes.
3. Lernoptionen gestalten: Der Hund lernt erst in einem ruhigen Umfeld, dann erfolgt eine allmähliche Steigerung der Ablenkungsreize.
4. Gleichmäßige Konditionierung: Wir entscheiden uns für ein Vorgehen, ein Kommando und bleiben dabei.
5. Das Erlernte muss gefordert und durchgesetzt werden. Keine lauten Signale. Der Hund hört ausgezeichnet.

6. Der Hund erhält eine Belohnung bei dem Erlernen eines Hörzeichens. Dieses wird dann stark reduziert, wenn der Hund das Hörzeichen verstanden hat.
7. Nur wenige Hörzeichen. Aber diese müssen nach dem Erlernen sofort ausgeführt werden.
8. Keine Signalwiederholung.
9. Lernen im Stufenprogramm (erst an der kurzen Leine, dann an der Schleppleine, dann ohne Leine). So kann man das Kommando durchsetzen und verhindern, dass der Hund mit Verweigerungen durchkommt.
10. Training nach 15 Minuten durch Spiel unterbrechen. Dies fördert die Konzentration.
11. Reizsituationen wie Ablenkungen in kurzen Intervallen aufbauen.
12. Immer das Training positiv abschließen, nicht in der Verweigerung.

Er hört nur auf dem Übungsplatz?

Bitte beachten Sie immer diese Grundlagen in der Hundeerziehung. Diese sind immer durchzuführen. Oft wird hauptsächlich beim Training darauf geachtet, dass der Hund gut mitarbeitet. Außerhalb des Trainings lässt der Hundehalter dann oft in seiner Disziplin nach und der Hund nutzt diese Situation aus. So lernt der Vierläufer, dass er nicht jedes Mal gehorsam sein muss. Grundsätzlich darf der Hund nicht unterschiedlich geführt/erzogen werden. Sonst haben Sie einen „Trainingshund". Einen, der nur auf dem Übungsplatz ordentlich hört, aber nicht dort, wo es drauf ankommt: bei Ihnen Zuhause im täglichen Leben.

Theorie funktioniert im Labor

Das oft angeführte Lernverhalten der Wissenschaft ist für die Praxiserziehung nur eine

AdobeStock: ksuksa,ksuksa

Grundlage. Die meisten Versuche wurden unter sterilen Laborbedingungen oder in einem bekannten Umfeld durchgeführt, ohne Ablenkung von Starkreizen. Das ist aus wissenschaftlicher Sicht auch sinnvoll. Erfahrungsgemäß hat der Hundehalter aber dann Probleme mit seinem Hund, wenn für diesen Starkreize auftreten. Der Hund soll so erzogen sein, dass er abrufbar ist, obwohl ein Hase oder eine Katze seinen Weg kreuzen. Das geht, man muss es aber trainieren und dazu gehört das Training in Reizsituationen. Dies wird in der Regel in wissenschaftlichen Studien nicht getätigt. Hier werden Starkreize wie sie im täglichen Leben passieren können nur bedingt oder gar nicht eingebaut. Wir haben dazu beispielsweise ein großes natürliches Übungsgelände mit vielen Ablenkungsreizen. Sicherlich kann man ein Training in vertrauter Umgebung ohne Ablenkungsreize beginnen, man sollte aber schrittweise immer mehr neue Reize einbauen, damit der Hund lernt, mit diesen umzugehen und sich an sie zu gewöhnen.

Warum Abbruchsignale bei manchen Hunden nicht funktionieren

Der Leinenzwang, das dauerhafte Tragen von Maulkorb, Halti etc. ist für mich keine Lösung, sondern Tierquälerei. Es ist immer möglich, einen Hund so zu schulen, dass er auch in einem Belastungsreiz zuverlässig bleibt. Es ist nur viel aufwendiger, dies zu erreichen. Die Lösung mit dem viel beschriebenen Abbruchsignal oder einer Triebumlenkung ist bei triebstarken Hunden nur ein Wunschdenken von Theoretikern, die wenig Praxiserfahrung mit Hunden haben. Meine triebstarken Hunde benötigen seit Jahren keine Leine, da ich sie auch in Reizsituationen steuern kann. Dadurch kann ich ihnen viel mehr Freiheiten zubilligen und das danken sie mir jeden Tag durch ihre Fröhlichkeit und Zuverlässigkeit.

EXTRA: „Ich stellte Izo morgens auf ein Laufband, anstatt eines langen Spaziergangs."

Als mein Rüde Izo etwa sechs Monate alt war, fingen unsere Probleme an. Er wurde zunehmend unsicher und aggressiv gegenüber Artgenossen. Bestimmt gab es Erziehungsfehler meinerseits, obwohl ich nach bestem Gewissen handelte. Anfangs konnte ich ihn noch mit mir bekannten Hunden in den Freilauf lassen. Aus meiner Sicht war es immer Izo, der sein Gegenüber bei zu viel Dynamik unterdrückte, bis ich die Situation mit einem Rückruf abbrach. Wenige Monate später rechnete ich damit, dass Izo zuschnappen könnte und in obigen Situationen ein Gehorsam nicht abrufbar wäre. Ich führte ihn ab diesem Zeitpunkt ausschließlich an der Leine, oft zusätzlich mit Maulkorb, und er rastete förmlich aus, wenn uns ein Hund begegnete. Das machte mich genauso zögerlich und unsicher und ich geriet in Panik, wenn sich uns Hunde näherten. Nach ca. zwei Jahren Dauerstress war meine Schmerzgrenze erreicht. Ich stellte Izo morgens auf ein Lauf-

band, anstatt eines langen Spaziergangs. Ich hatte mich mehrfach hilfesuchend an die Vermehrer meines Rüden gewendet. Diese speisten mich gekonnt ab. Über einen Artikel von Theodor Heßling wurde ich auf die Hundeschule aufmerksam. Die dort geschilderten Verhaltensweisen trafen zu fast 100% auf Izo zu. Ich beschloss, einen letzten Versuch zu unternehmen, nachdem etliche andere Hundetrainer erfolglos blieben, und kontaktierte Herrn Heßling. Nach einem Gespräch war klar, dass Izo von mir einen Bildungsurlaub spendiert bekommt und ich im Anschluss im richtigen Umgang mit ihm geschult werde. Frau Kleier-Heßling war für die Ausbildung zuständig, da die Konstellation Hundeführerin und Rüde anders als Hundeführer und Rüde ist. Darüber hatte ich zuvor nicht weiter nachgedacht. Nach sieben Wochen war Izo soweit und ich fuhr für knapp eine Woche nach Ovelgönne. Meine Erwartungen wurden übertroffen. Mein Rüde ging jetzt ruhig mit mir an anderen – sogar pöbelnden – Hunden vorbei, er konnte im Freilauf neben Menschen und Radfahrern sein und mit ausgewählten anderen Hunden gemeinsam laufen. Zurück Zuhause sind Izo und ich wie befreit. Die Leine brauche ich nur selten, Hundebegegnungen sind kein Problem mehr und ich fühle mich wohl im Beisein von ihm. Wir können entspannt durch die Stadt gehen und in der Dunkelheit bleibt er ebenfalls überwiegend im Freilauf. Der Jagdtrieb lässt sich gut kontrollieren und Izo nimmt seine Umwelt wieder wahr. Auf Anraten der Familie Heßling verzichte ich auf jeglichen Hundesport, der ihn erneut „hochpushen" würde. Izo darf bei mir nun „einfach nur Hund sein".

Meine zwei Hündinnen arbeite ich seit dem Besuch in Ovelgönne auch wie bei Heßlings gelernt. Wir werden definitiv weitere Intensiv-Trainingseinheiten buchen und mit einem Kurzurlaub verbinden. Ich kenne keine alternative Hundeschule in Deutschland, die solch einen Erfahrungsschatz, solch ein Verständnis und Gespür für Hunde hat und dies den Hundebesitzern verständlich und umsetzbar vermittelt.

Herzlichen Dank, insbesondere an unsere Ausbilderin Christine!

Jutta mit Izo, Nova und Nike

SCHLUSSWORT

Mischlinge/Hybriden benötigen ihre Menschen als verlässliches Sozialgefüge, oft als Hilfe aus der Not.

Menschen lenken und denken im Interesse des Hundes, um diesem die Möglichkeit zu geben sich zu sozialisieren oder eben zu resozialisieren. Dazu ist Liebe zum Hund, aber auch eine klare Struktur in der Haltung erforderlich. Ich habe versucht, in diesem Buch mein Wissen rund um den Hund aufzuführen, um Ihnen zu helfen den Sachverhalt gut verstehen zu können. Ich bin auch heute noch der Meinung, dass eine praxisgerechte Führung des Hundes z.T. weit von dem abdriftet, was in theoretischen Vorträgen, Büchern oder lerntheoretischen Vorträgen vermittelt wird. Der Hundehalter möchte seinen Hund durch Konfliktverhalten führen, ihm Halt und Sicherheit geben. Dazu trägt dieses Buch bei.

Hunde werden selten als bissige, ängstliche Tiere geboren der Verursacher für dieses Verhalten ist der Mensch, durch Zucht, Haltung oder Vererbung hervorgerufen.- Leider sind Hunde abhän-

gig von ihren Menschen durch deren Fürsorge, Erziehung und Haltung. Deshalb müssen Menschen verstehen lernen, dass sie Hunden nur helfen können, wenn sie fachlich dazu in der Lage sind. Besonders dann, wenn es sich um Tiere aus dem Tierschutz handelt. Während meiner langjährigen Erfahrungen mit Hunden und Menschen gab es nur zwei Aspekte, bei denen nicht geholfen werden konnte: Übertriebene Emotionshaltung oder gewünschte Aggressionsförderung aus dem Schutzbedürfnis heraus. Hunde können in die Richtung geprägt werden wie der Mensch es sich wünscht. - Ich kann aus einem friedlichen Labrador ein aggressives Tier machen und aus einem aggressiven Schäferhund ein überaus freundlichen Zeitgenossen. Vom Ursprung sind beide sozialverträglich, aber die Prägung ist entscheidend. Ich hoffe, dass mein Buch etwas zum Nachdenken anregt und dazu beiträgt einen Hund mit Vernunft anzuschaffen und zu halten. Vieles geschieht aus reiner Gedankenlosigkeit oder aus emotionalen Gründen. Ich wünsche dem Leser beim Lesen dieser Lektüre Nachdenklichkeit. - Sehr oft musste ich oder meine Familie mit Hunden arbeiten, die in den ersten Stunden den Anschein hatten, dass eine Resozialisierung aussichtslos ist. Aber nach oftmals schwierigen Ausbildungsprozessen, konnte dann eine Resozialisierung durchgeführt werden. Besonders freut mich heute noch, Hunden zu helfen, die von anderen Menschen aufgegeben wurden. Denn es stellt sich mir noch immer die Frage, was wäre geworden wenn ... Gerade diese Erfolge, weniger meine Prüfungserfolge, haben dazu beigetragen, Menschen und ihren Hunden zu helfen und meine Arbeit mit Freuden fortzusetzen.

Ovelgönne den 23.08.22
Theodor Heßling

Danksagung:

Dieses Buch widme ich besonders meiner Frau Christine und meiner Tochter Anke, die unermüdlich meine Arbeit unterstützen. Ohne sie hätten wir vielen Hunden nicht helfen können. Aber auch dem „Grundsteinleger" August Heßling aus Leer/ möchte ich dieses Buch widmen. Ich glaube, das Anlagen dazu beitragen, wie gut ein Mensch mit Hunden arbeiten kann. Das stellte er und schon sein Vater im 18. Jahrhundert unter Beweis, als er und sein Vater die Zucht des Kleinen Münsterländers mit begründete und Jägern bei der Ausbildung ihrer Hunde half.

Ksuksa/Adobe Stock

Wichtige Adressen

Deutscher Tierschutzbund e.V.
Bundesgeschäftsstelle
In der Raste 10
53129 Bonn

Tasso-Haustierzentralregister
f.d. Bundesrepublik Deutschland e.V.
Otto Vogler Str. 15
65843 Sulzbach/Ts

Spezial Hundefutter
Hethan UG
Frieschenmoorer Str. 17
26939 Ovelgönne

Verband für das Deutsche Hundewesen
Westfalendamm 174
44141 Dortmund

Stiftung Tierärztliche Hochschule Hannover
Klinik für Kleintiere
Bünteweg 9, Gebäude 280
30559 Hannover

Ausbildungs- und Therapiezentrum
Hundeschule Heßling GmbH
Frieschenmoorer Str. 17
26939 Ovelgönne

Eine Auswahl aus unserem Programm

Im Minerva Verlag sind außerdem erschienen:

Ratgeber Welpen

Mit diesem Buch werden Sie und Ihr Welpe zum Dream-Team!

Wer möchte ihn nicht, diesen angenehmen, freundlichen Hund, der auch ohne Leine stets in unserer Nähe bleibt, den Blickkontakt sucht, sich im Büro geduldig auf seine Decke legt oder entspannt im Restaurant unter dem Tisch ein Nickerchen macht? Wir wollen, dass Sie mit Ihrem Hund die beste Zeit Ihres Lebens haben. Glauben Sie uns, Welpen zu erziehen ist ganz leicht. Es gibt einige wenige Faktoren, die für das Gelingen sorgen. Einige sind allgemein bekannt, andere nicht. Und oft wird zu Dingen geraten, die die Beziehung schädigen und die man besser vermeidet. Wir helfen Ihnen herauszufinden, welcher Hund zu Ihnen passt, was er lernen soll und wie Sie es ihm positiv vermitteln. Wie Sie ihn gesund ernähren, ihn richtig pflegen und in einem Notfall sein Leben retten können. Und wir erklären Ihnen, welche Eigenschaften jeder Hund an einem Menschen bewundert. Denn auch Sie müssen lernen, ein guter „Hundemensch" zu werden. Das wird leider oft vergessen.

Softcover, 132 Seiten. Farbig mit Bildern.
ISBN 978-3-9815634-5-0
15,80 €

Berner Sennenhunde

Verstehen | Erziehen | Führen

Fühlt sich ein Berner verstanden, ist der Rest der Erziehung sein Geschenk an uns.
Ein Berner ist mehr als ein Hund. Er gehört zu den sogenannten Urhunden.
Was das genau heißt? Dieser flauschig-weiche Hund ist der geborene Lügen-Detektor. Ja, er kennt uns besser, als wir uns selbst! Zudem ist er kompromisslos ehrlich. Deshalb scheint seine Erziehung anders, als bei anderen Hunden.
Sie können uns glauben, einen Berner zu erziehen ist ganz leicht. Aber warum gelingt es dem einen so spielend, und dem anderen so gar nicht? In diesem Buch kommen viele Experten zu Wort, die diese Geheimnisse lüften und Sie in die Berner-Welt einweihen.

Wir zeigen Ihnen, wie Sie die Brücke zu seinem Herzen finden und aufbauen. Und dann? Folgt er Ihnen auch ohne Leine überall hin.

Unser Kraftpaket mag so robust erscheinen, aber auch er hat seine Empfindlichkeiten. Berners Schwäche? Die Achillesfersen. Erfahren Sie von einer Hundephysiotherapeutin, wo sie sitzen, wie Sie diese erkennen und warum ein Berner Kraftsport braucht. Damit Ihr flauschiger Riese bis ins hohe Alter stark, entspannt und beweglich bleibt, haben wir für Zuhause das exklusive Berner-Wohlfühl-Training.

Mit diesem Buch lernen Sie, Ihren Berner zu verstehen. Werden Sie gemeinsam immer sicherer. Denn je sicherer Sie sich fühlen, desto mehr entwickeln Sie sich zu dem, was sich jeder Berner wünscht: zu seinem sicheren Hafen!
Gemeinsam mit uns werden Sie ein eingespieltes Team!

Softcover, 132 Seiten. Farbig mit Bildern.
ISBN 978-3-9815634-7-4
15,80 €

15 Punkte, die das Leben mit Hund erleichtern!

Wie schaffe ich es, dass mein Hund mir blind vertraut? Ohne Leine überall hin folgt? Stets abrufbar und treu an meiner Seite steht? Kurz: Wie werde ich mit meinem Hund zum Dream-Team?

Cris Bilinski hat in über 45 Jahren als Hundetrainerin hautnah erlebt, wie wir uns und unserem Hund durch kleine Alltags-fehler große Probleme schaffen. Und sie hat praktische und klare Lösungen in der Hand, die funktionieren. Mit Herz und Sachverstand erzählt sie von 15 Hundeschicksalen, und mit jeder Geschichte entwickeln wir mehr Sachverstand und werden für unseren Hund zu einem besseren Menschen.

Softcover, 84 Seiten, Farbig mit Illustrationen., Handliches Format
ISBN 978-3-9815634-9-8
3,99 €

Minerva Verlag

Hunde tapen

Das Arbeitsbuch
von Alina Nierhaus

12 verschiedene Anlagen - 12 verschiedene Ziele.

Den eigenen Hund therapieren? Behandlungen unterstützen? Sogar Schmerzen nehmen? Hier ist die Lösung: kinesiologische Tapes. Bei Krankheiten des Bewegungsapparates kann jeder mit dem richtigen Taping kräftig zur Heilung beitragen. Taping ist eine einfache und sichere Methode, die jeder Hundemensch zu Hause durchführen kann. Das vielfältige Einsatzgebiet spricht für sich.

Heute wenden 80% der Physiotherapiepraxen Medical-Taping an. Aufgrund ihrer einfachen Handhabung und ihrer herausragenden Wirkung sind Tapes bei Menschen und Hunden sehr beliebt. Die Nachfrage nach Kursen steigt. Erfahren Sie jetzt, wie Sie Ihrem Vierbeiner im Alltag selbst helfen können.

Softcover, 44 Seiten, Farbig mit Bildern.
ISBN 978-3-9815634-8-1
9,80 €

Welpen fördern

Das Praxis- und Anleitungsbuch

Der nächste Wurf steht vor der Tür? Ein Welpe zieht ein? Damit Welpen auf sicheren Pfoten durchs Leben gehen, braucht es drei Dinge: Körperwahrnehmung, Koordination und Gleichgewicht.
Schon kurz nach der Geburt kann man starten, diese zu schulen und zu fördern. In diesem Buch lassen sich einfache Anleitungen zu Übungen finden, die engagierte Züchter und frisch gebackene Welpeneltern selbst trainieren können – für Anfänger, Fortgeschrittene und Profis.

Eine Checkliste hilft, die motorischen Fähigkeiten eines Welpen einzuschätzen. Jede Rasse hat ihre eigene Entwicklungsgeschwindigkeit, daher hilft der Vergleich mit den Wurfgeschwistern. Und wenn man Schwächen feststellt? Zeigt ein Welpe solche, lassen sie sich leicht mit den passenden Trainingsschritten beheben.

Extras:
- Schwimmersyndrom
- Impfreaktionen entgegenwirken

- Interview: Woran erkenne ich eine gute Krankenversicherung?

Softcover, 52 Seiten. Farbig mit Bildern.
ISBN 978-3-910503-00-7
9,90 €

Kräuter statt Tierarzt

Heilpflanzen für Hunde und Katzen

WER HEILT, HAT RECHT!
Gegen fast jede Krankheit ist ein Kraut gewachsen, weiß die erfahrene Tierheilpraktikerin Annette Dragun. Seit über zwei Jahrzehnten behandelt sie mit Erfolg Hunde, Katzen und Pferde. Heute blickt sie auf einen reichen Erfahrungsschatz zurück. „Jeder, der sich etwas Mühe gibt, kann lernen, sein Tier selbst zu behandeln", ist sie überzeugt. „Wir sollten mehr auf die Kraft der Natur vertrauen." Mit der Meinung ist sie nicht alleine. Die nachhaltige Medizin hat den Garten als Ort der aHeilung wiederentdeckt. Die „grüne" Apotheke lässt Beschwerden häufig ohne Nebenwirkungen ausheilen. Ganzheitlich. Und dann? Kehrt der Patient durch den Prozess der Krankheit stärker zurück, als er es vormals war.

<u>Was Ihnen dieses Buch gibt:</u>

- Sie lernen die besten Arzneipflanzen und Heilpilze kennen und haben immer ein schnelles, umfassendes Nachschlagewerk zur Hand.
- Sie erstellen eine Kräuterapotheke für den Hausgebrauch, mit der Sie Ihr Tier sanft und nachhaltig behandeln können.
- Bei leichten Gesundheitsstörungen helfen Sie Ihrem Haustier schnell mit den sanften Mitteln aus der Natur.
- Sie kochen Heiltees und Tinkturen und mischen Heilsalben.
- Extra: Vitalpilze / Mykotherapie

Softcover, 228 Seiten.
Farbig mit Bildern und Klappenumschlag., ISBN 978-3-9815634-6-7
24,80 €

Follow me

Das Leadership-Praxisbuch für Rudelführer

WIE MAN ZUM RUDELFÜHRER WIRD.

Es gibt geborene Hundemenschen. Jeder Vierbeiner hängt an ihren Lippen, will ihnen gefallen, und läuft ihnen nach auf Schritt und Tritt. Aber was machen diese anders?

Es sind Menschen mit einer Führungspersönlichkeit. Sie bevorzugen einen Erziehungsstil, der eine gesunde Mischung zwischen der autoritären und der antiautoritären Erziehung ist.
Richtige Führung funktioniert, indem wir beide Formen auf gesunde Weise miteinander kombinieren, die Verantwortung für die Beziehung zum Hund übernehmen und unsere Gefühle kontrollieren.
Das Gute daran ist: Mindestens einen Teil davon haben Sie bereits drauf. Ihnen fehlt nur das Gegengewicht.

Das können Sie lernen. Radana Kuny nimmt den Leser an die Hand und stellt ihm einen Ansatz vor, der einen Zugang zum Hund schafft, der einzigartig ist.

„Lesen Sie dieses Buch. Es wird Sie verändern und Ihre Beziehung zu Ihrem Hund auf ein neues Level heben!"

In jedem von uns schlummert eine Führungspersönlichkeit.

Softcover, 156 Seiten mit Umschlagklappe,
ISBN: 978-3-910503-02-1
von Radana Kuny
19,90 €

Bücher, Magazine, CDs und viel mehr unter www.minervastore.de oder im Buchhandel erhältlich.

Minerva Verlag